Energía solar autónoma

Una guía práctica para entender e instalar sistemas fotovoltaicos y de baterías

Joseph P. O'Connor

Título original: Off Grid Solar. A Handbook for Photovoltaics with Lead-Acid or Lithium-Ion batteries.

Traducción: Andrea Miliani
Editora: Laura Galavis
Diseño de portada por Jean-Baptiste Vervaeck

ISBN 978-1-7334543-1-5 (Spanish Paperback)
ISBN 978-1-7334543-2-2 (Spanish eBook)
ISBN 978-0-578-54619-3 (English Paperback)
ISBN 978-1-7334543-0-8 (English eBook)

Old Sequoia Publishing
www.OffGridSolarBook.com

Primera edición: Noviembre 2016
Segunda Edición: Agosto 2019

DEDICATORIA

Este libro no existiría sin ti, Jessica.
Gracias por todo tu apoyo y motivación.

Índice

Sobre el autor

Joe O'Connor en un emprendedor de instalaciones solares, así como también consultor, ponente y escritor sobre energía solar. Joe ha construído sistemas fotovoltaicos aislados en Estados Unidos, Haití, Nepal, Portugal, Guatemala y recientemente en el Parque Nacional Virunga en la República Democrática del Congo. Para conocer más sobre su trabajo en el Congo, visite *SolarCity, Tesla, and Virunga, Building Solar Micro Grids for the guardians of Africa's oldest and most biodiverse national park.*

Buscando ampliar su impacto luego de más de una década de viajar a lugares remotos para hacer instalaciones solares, Joe decidió compartir sus conocimientos y experiencia en sistemas solares fotovoltaicos aislados a través de este libro.

Como fundador de OCON Energy Consulting, Joe y su equipo prestan servicios de consultoría a una amplia gama de clientes que necesitan diseños de instalaciones solares, sistemas de almacenamiento de energía y desarrollo de productos.

Actualmente Joe trabaja en Nuvation Energy, prestando servicios de ingeniería y de desarrollo de tecnologías para la administración de baterías a organizaciones que diseñan y construyen sistemas de almacenamiento de energía.

Joe ha trabajado para el productor de baterías de ion-litio Farasis Energy, el proveedor de almacenamiento de energías de Mercedes-Benz Energy, y el instalador de sistemas de energía solar Solar City. En SolarCity, Joe apoyó al Equipo de Micro-red y a la fundación GivePower al diseñar sistemas de energía fotovoltaica y de Tesla Powerwall. También realizó un prototipo, diseñó y patentó un nuevo sistema de montaje solar que permitió a SolarCity convertirse en uno de los más grandes instaladores comerciales en los Estados Unidos.

Previo a su trabajo en SolarCity, Joe lanzó un producto de almacenamiento eficiente de energía solar a bajo costo en la empresa emergente Sollega. Joe También ha trabajado con Sustainable Energy Partners en San Francisco, donde ha completando docenas de proyectos de energía renovable y de eficiencia energética.

Joe obtuvo su maestría en ciencias de la Universidad Politécnica NYU en Ingeniería de Manufactura y fue elegido para la Beca para el Emprendimiento Social de la fundación Catherine B. Reynolds. Obtuvo su licenciatura en Ciencias de la Universidad Politécnica Estatal de California en Tecnología Industrial.

Se apasionó por la energía renovable luego de haber trabajado como voluntario para GRID Alternatives — el Habitat for Humanities de la industria de la energía solar — en donde colaboró con otros voluntarios para instalar sistemas eléctricos solares en hogares de familias con bajos ingresos en la Bahía de San Francisco.

Joe cree que los avances en la industria de la energía renovable ayudarán a nuestra sociedad a romper la dependencia en el petróleo, carbón y gas natural a escala global. Su misión es hacer que las energías renovables sean las fuentes de energía dominantes en nuestro planeta para combatir el cambio climático.

Más recursos

En el siguiente sitio web hay más recursos bibliográficos disponibles como apoyo para el diseño de un sistema de energía solar aislado. Estos recursos se pueden descargar en inglés gratis:
- Plantilla de Diseño de Sistema en Microsoft Excel
  - o Tabla de cálculo de carga
  - o Tabla de degradación
  - o Resumen del sistema
- Plantilla con lista de materiales en Microsoft Excel
- Mapas de radiación solar
- Mapas de declinación
- Calculadora de caída de voltaje
- Fotovoltáica GOGLA *para aplicaciones de uso productivo: Un catálogo de equipos de corriente continua.*

Visite el siguiente enlace para más información sobre el autor o para contactarlo

Aclaratoria

Todo el contenido de este libro se entrega por motivos educativos y quienes pongan en práctica lo enseñado lo deben hacer bajo su propio riesgo. Como cualquier proyecto "hágalo usted mismo", el poco conocimiento de las herramientas y los procesos puede resultar peligroso. Todo el contenido presente aquí debe ser considerado únicamente como consejo teórico.

Si se siente algo incómodo o inexperto al trabajar con los componentes o las herramientas requeridas para sistemas solares aislados (especialmente con — pero no limitado a— la electrónica y equipos mecánicos), por favor reconsidere hacer el trabajo usted mismo. Es muy probable, en cualquier proyecto "hágalo usted mismo", dañar el equipo, afectar el seguro, crear situaciones peligrosas o lastimar e incluso matar a otros o a usted mismo.

El autor de este libro no se hace responsable por ningún daño debido al mal uso o la mala comprensión de cualquier contenido relacionado con este libro.

Al usar este libro, usted acepta indemnizar al autor ("La compañía"), a sus funcionarios, directores, empleados, agentes, distribuidores, afiliados, subsidiarios y sus compañías relacionadas por cualquier reclamo, daño, pérdida o causas de acción que surjan por incumplimiento o presunto incumplimiento de este acuerdo.

La información contenida en este libro se distribuye "tal y como aparece" sin garantías expresas o implícitas de ningún tipo, excepto aquellas exigidas por la legislación pertinente. En particular, La Compañía no ofrece ninguna garantía en cuanto a la exactitud, calidad, integridad o aplicabilidad de la información proporcionada.

No debe depender únicamente de la información y las opiniones expresadas para ningún otro propósito. Ni la compañía ni sus funcionarios, directores, empleados, agentes, distribuidores, afiliados, subsidiarios ni sus compañías relacionadas son responsables por cualquier pérdida (incluída, pero no limitada a, la real, consecuente o punitiva), obligación, reclamo, o cualquier otro perjuicio o consecuencia relacionada o como resultado de cualquier información contenida en este libro o en la página web de La Compañía.

"Si usamos nuestro combustible para obtener poder, estamos viviendo de nuestro capital y agotándolo rápidamente. Este método es un despilfarro bárbaro y deliberado, y tendrá que ser detenido en interés de las futuras generaciones".

-Nikola Tesla (1915).

"Yo pondría mi dinero en el sol y en la energía solar. ¡Qué gran fuente de poder! Espero que no tengamos que esperar hasta que se agote el petróleo y el carbón para llegar a eso. ¡Ojalá me quedaran más años!".

-Thomas Edison (1931)

Introducción

¿Planea instalar un sistema de energía solar fotovoltaica aislado? Tal vez no se siente listo o lista y quiere una guía para entender la tecnología y el proceso. Este libro está escrito de manera de ayudar a cualquier persona interesada a elegir el mejor equipo para su proyecto: que se adapte a sus necesidades particulares dentro de un presupuesto realista. Luego de leer este libro, tendrá un buen entendimiento sobre cómo trabajan juntos los paneles solares fotovoltaicos y las baterías para proporcionar corriente contínua (CC, o también *DC* por sus siglas en inglés) o corriente alterna (CA, o también *AC* por sus siglas en inglés) en un espacio sin acceso a la red eléctrica.

Primero, voy a explicar los conceptos básicos de los componentes de las instalaciones solares y la ciencia general detrás de los sistemas solares eléctricos. Luego, le voy a ayudar a determinar cuánta potencia y energía se puede producir en una ubicación determinada y qué combinaciones de equipos se ajustan a su necesidad de carga al menor precio. Por último, explicaré los aspectos específicos del proceso de instalación y concluiré con una sección sobre cómo solucionar problemas.

Para cuando termine de leer este libro, será capaz de construir su propio sistema de energía solar fotovoltaico aislado, asumiendo que cuenta con las herramientas adecuadas, así como también la experiencia y las habilidades requeridas en electricidad y construcción. Este libro le ayudará a tomar mejores decisiones con respecto a instalaciones solares.

Entenderá qué tipo de tecnología realmente necesita, en lugar de confiar plenamente en las recomendaciones de otros. Sabrá comparar mejor los precios de los proveedores porque reconocerá qué tecnologías se ajustan mejor a las necesidades de su proyecto.

En la medida de lo posible, en este libro evité recomendar fabricantes específicos. Elijo mantenerme tecnológicamente agnóstico, para que usted pueda determinar las *especificaciones* correctas en lugar de marcas específicas en su proceso de toma de decisiones. Depende de usted determinar el nivel de calidad que necesita. Para que su sistema perdure por largo tiempo, asegúrese de comprar los productos de fabricantes reconocidos que cuenten con garantías extensas.

Este libro está dirigido a personas que deseen un sistema de energía solar aislado, uno que sea autosuficiente, autónomo, y que no requiera acceso a una red eléctrica compartida. Está diseñado para personas que carecen de un servicio eléctrico confiable o que desean evitar uno que dependa de combustibles fósiles costosos y contaminantes. Este libro cubre tanto sistemas grandes como pequeños, y será útil tanto para encender algunas luces o para cargadores de teléfonos por un bajo costo, como para proveer energía para todos los aparatos del hogar. Existe una clara comparación entre las baterías de ácido de plomo tradicionales y las baterías de iones de litio del mañana. Este libro también será adecuado para alguien que esté construyendo una fuente de energía remota para equipos de investigación o comunicaciones.

Existen muchas similitudes entre instalaciones solares autónomas —también conocidas como autónomas o fuera de la red por el término en inglés "off-grid"— y las que se conectan a una red eléctrica; este libro se enfoca *solo* en las necesidades de un sistema de energía aislado. Algunas personas que viven en ciudades o suburbios conectados a un servicio de red eléctrica confiable también pueden encontrar este libro interesante, pero la guía puede que no aplique a sistemas conectados a la red, que frecuentemente requieren diferentes componentes y suelen ser menos complejos, ya que no hay necesidad de almacenar energía. Ya existen muchos recursos excelentes que se enfocan en sistemas fotovoltaicos conectados a la red, como la *Guía de recursos profesionales de instalación FV de la NABCEP.*

Si su proyecto puede estar conectado a la red eléctrica, entonces debería estar conectado a la red, ya que alimentar una red es mucho más eficiente que almacenar energía en baterías y porque alguien puede usar la electricidad excedente en algún lugar de la red. Sin embargo, en algunos lugares como Alemania y Hawái, los dueños de instalaciones solares no tienen permitido exportar energía a la red porque se produce un exceso de electricidad en la red durante las horas de mucha intensidad solar. Este es un nuevo inconveniente y se hará más común a medida que el uso de instalaciones solares se generalice. Sin embargo, en esas áreas en las que la energía solar no puede ser exportada, los propietarios de viviendas y negocios están usando baterías de iones de litio para almacenar su energía solar para momentos posteriores.

Las instalaciones solares autónomas son la forma ideal de autosuficiencia. Con la energía solar no necesita pagar cuentas ni facturas a una empresa ni comprar suministro de combustible para su generador; puede cosechar energía del cielo. Al evitar la energía contaminante de los combustibles fósiles, también evita contribuir con la crisis climática. La tecnología está aquí, así que empecemos y aprendamos a usarla.

¿Por qué energía solar?

Para mí, lo más interesante de la energía solar es que no existe ningún costo por el combustible, a diferencia de los combustibles fósiles. Esto quiere decir que, mientras el costo para fabricar equipos de energía fotovoltaica siga disminuyendo, la energía solar pronto se convertirá en la fuente de energía más barata del planeta. De hecho, ya es una de las formas de energía más barata en muchas regiones del mundo. Sin embargo, a pesar de esto, muchas personas en el mundo aún viven sin acceso a energía eléctrica.

"Las 1.200 millones de personas que viven sin acceso a una red eléctrica gastan alrededor de 27.000 millones de dólares al año en iluminación y carga de teléfonos móviles con queroseno, velas, antorchas de baterías y otras tecnologías provisionales alimentadas por combustibles fósiles.

Cerca de 1 de cada 3 hogares del mundo sin acceso a la red eléctrica utilizará energía solar autónoma para 2020, según nuestro pronóstico de referencia".

— Reporte sobre las tendencias del mercado de energía solar Off-Grid 2016, Bloomberg New Energy Finance y Lighting Global. —

En 2013, el Banco Mundial determinó que más de 1.400 millones de personas a escala mundial no tienen acceso a electricidad, casi todos en países en desarrollo. Esto incluye cerca de 550 millones en África y más de 400 millones en India. El acceso a la energía eléctrica puede ser costoso si uno no está ubicado cerca de una red de servicio eléctrico. Los combustibles contaminantes como el diésel, el queroseno y el carbón han sido, históricamente, las fuentes de energía más fáciles, porque no había más alternativas hasta hace poco. Ahora esto ha cambiado, gracias a la tecnología solar.

En muchos mercados, el costo de electricidad por diésel es 0.28 dólares por kWh y el costo por uso de queroseno para iluminar es equivalente a 3 dólares por kWh. La energía solar ya es significativamente más económica que las fuentes de energía actuales y, en algunos mercados, está reemplazando rápidamente a los combustibles fósiles como fuente de energía.

¿Y qué tiene de bueno la energía solar?

1. Es, *sin dudas*, la fuente de energía más abundante en nuestro planeta. (ver imagen a continuación)
2. Es rentable a cualquier escala, grande y pequeña.
3. ¡El costo del combustible es gratuito!

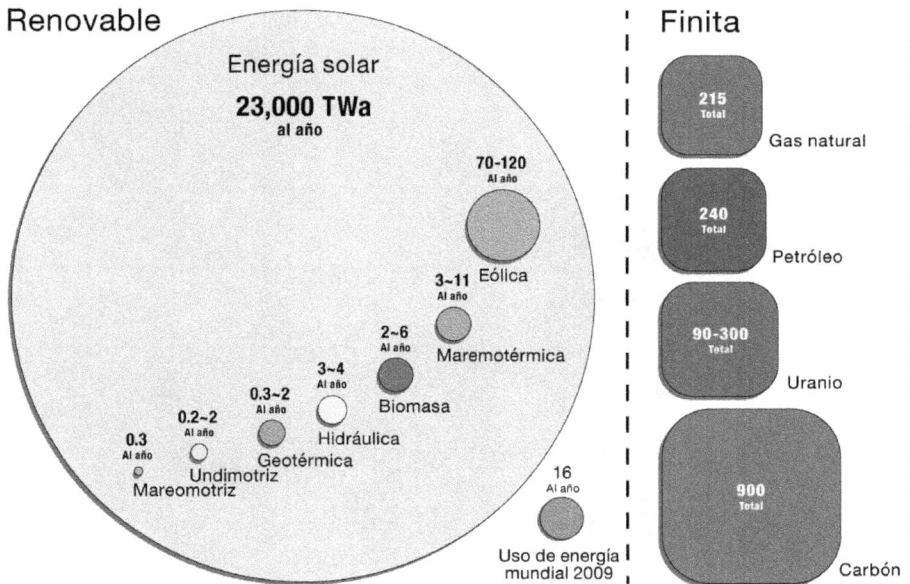

LOS RECURSOS ENERGÉTICOS TOTALES DE LA TIERRA

Renovable

Finita

Energía solar
23,000 TWa
al año

70-120
Al año

3~11 Eólica
Al año

2~6
Al año
Maremotérmica

3~4
Al año

0.3~2
Al año
Biomasa

0.2~2
Al año

0.3
Al año
Hidráulica

Geotérmica

Undimotriz
Mareomotriz

16
Al año

Uso de energía
mundial 2009

215
Total
Gas natural

240
Total
Petróleo

90-300
Total
Uranio

900
Total
Carbón

El costo de la energía solar

La energía solar no fue siempre barata. En la década de 1950, cuando Bell Labs inventó la celda fotovoltaica, era tan costoso que ni siquiera se consideraba una fuente de energía viable a menos que se estuviese diseñando un satélite para el espacio exterior. El combustible fósil era la fuente de energía más versátil y barata. Las represas hidroeléctricas era una alternativa renovable de bajo costo, pero eran —y aún lo son— extremadamente dependientes de los recursos de la región, y pueden dañar los ecosistemas naturales del entorno.

EL COSTO DE LA ENERGÍA SOLAR FOTOVOLTAICA A LO LARGO DEL TIEMPO

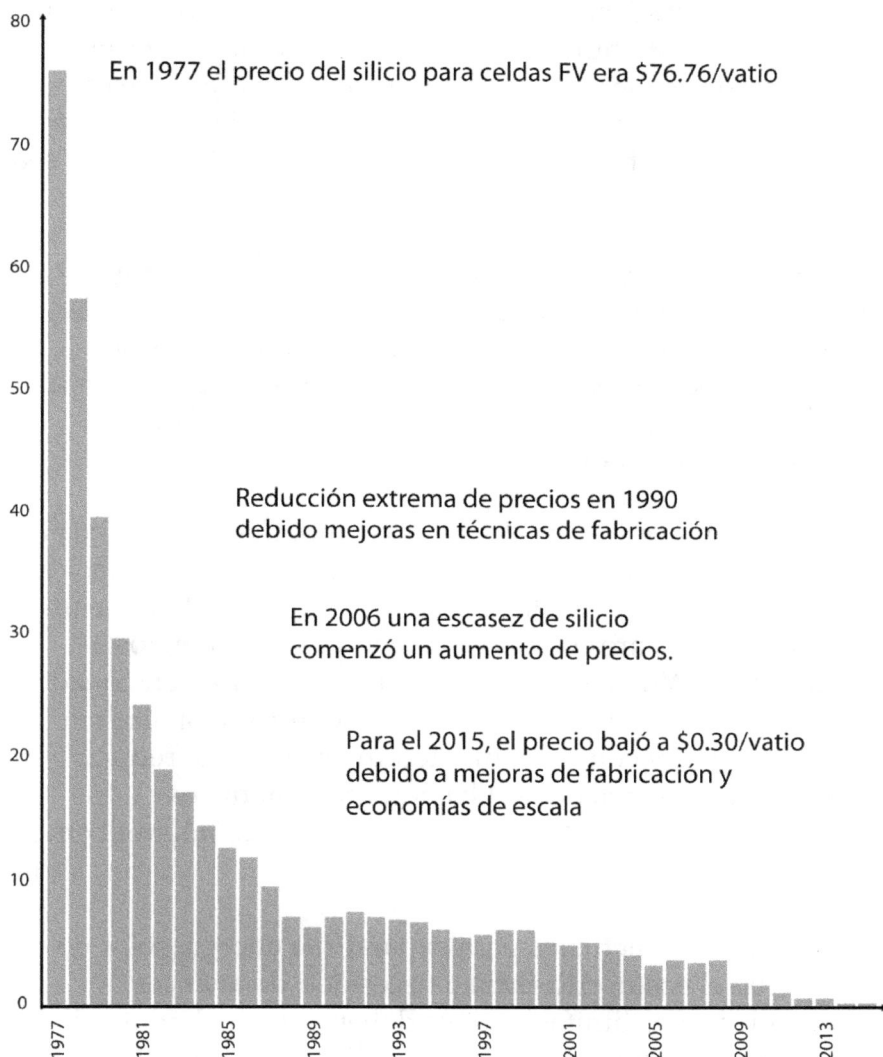

En 1977 el precio del silicio para celdas FV era $76.76/vatio

Reducción extrema de precios en 1990
debido mejoras en técnicas de fabricación

En 2006 una escasez de silicio
comenzó un aumento de precios.

Para el 2015, el precio bajó a $0.30/vatio
debido a mejoras de fabricación y
economías de escala

Fuente: Bloomberg, New Energy Finance.

El costo de los combustibles fósiles ha fluctuado radicalmente a lo largo del tiempo y los precios promedios a largo plazo han aumentado. Por décadas hemos construido una infraestructura global significativa en torno a los combustibles fósiles. Nuestra economía actualmente depende ellos, y es difícil cambiar esta infraestructura hasta que las alternativas a los combustibles fósiles sean extremadamente rentables, para recuperar el costo hundido. Pero los efectos negativos en conjunto sobre nuestro medio ambiente, y la creciente escasez de suministros —y, por lo tanto, su valor creciente—, hacen que la transición hacia un sistema sin combustibles fósiles sea inevitable.

Afortunadamente, ahora tenemos una fuente de energía renovable rentable y viable: la energía solar. El costo de la energía solar se ha reducido más de 100 veces desde su invención hace décadas. Debido a que el combustible de la energía solar es gratuito, existe menos riesgo de alzas de precios en el mercado.

Muchas regiones ya han alcanzado el momento crítico en el que la energía solar es la fuente de energía más rentable. Por ejemplo, una lámpara solar en países en desarrollo tiene un costo de 0.26 dólares por kWh en comparación con los 3 dólares por kWh de una lámpara de queroseno mencionado anteriormente. De hecho, un sistema solar fotovoltaico sin conexión a red y con buen mantenimiento podría reducir costos a 0.20 dólares por kWh comparado al de los generadores diésel que tienen un costo de 0.28 dólares como ya se mencionó.

Las limitaciones actuales para expandir la energía solar no se centran en el costo, eficiencia o necesidad de avances tecnológicos. Las limitaciones se deben principalmente al desconocimiento en el tema. Una vez que este conocimiento alcance mayor ubicuidad, los materiales podrán distribuirse mejor. Es solo cuestión de tiempo para que el resto del mundo se incline por el costo reducido de la energía solar, sin mencionar que es una solución clara para combatir el cambio climático.

¿Por qué entonces, si la tecnología es tan económica y está disponible, la energía solar no ha tenido una adopción masiva?

El equipo para las instalaciones solares es complicado de fabricar y por lo tanto se hace y se distribuye en todo el mundo de forma centralizada. El equipo es voluminoso y frágil, y puede significar un error de alto costo si se daña en el traslado o si se usa de forma incorrecta en la instalación. Además, es bastante difícil distribuir equipos de energía solar a un país extranjero. En muchos países en desarrollo pasar por la aduana es un proceso espantoso lleno de largas esperas, tarifas adicionales y hasta sobornos. El proceso solo es ligeramente mejor cuando las personas dentro del país importan productos solares para vender en su comunidad, pero generalmente pagan mucho más por productos de menor calidad en comparación con países con acuerdos comerciales establecidos.

Mientras los equipos de energía solar se distribuyan con más frecuencia como un bien comercial, se volverá menos costoso y de mejor calidad. La energía solar aún no ha dominado las corrientes eléctricas, pero la revolución solar ya comenzó. De hecho, he visto equipos de energía solar en casi todas las aldeas remotas que he visitado. El equipo que vi no era particularmente de buena calidad, de marca o con la tecnología más actualizada, pero era abundante y parecía funcionar en la mayoría de los casos. En Nebaj, una ciudad remota en Guatemala, la ferretería vendía muchos paneles solares de diferentes tamaños y baterías de ciclo profundo, pero no tenían controladores de carga. En lo profundo del Congo vi una tienda que vendía paneles solares, baterías e instrumentos musicales: ¡lo esencial para la vida!

Independientemente de la calidad, estos equipos ya están llegando a pueblos remotos lejos de los lugares en los que se fabricaron originalmente. Es una evidencia sorprendente de que la tecnología de sistemas de energía solar independiente se está propagando alrededor del planeta, electrificando las aldeas más alejadas de los servicios de red eléctrica.

TIENDA DE INSTALACIONES SOLARES EN KIWANJA, REPÚBLICA DEMOCRÁTICA DEL CONGO

¡Anímese! La energía solar es el futuro

¡La energía solar es gratis! La tecnología disponible para la venta actualmente puede ser usada para construir una infraestructura de energía sostenible en nuestro futuro inmediato. Hoy en día, como comunidad global, tenemos los conocimientos y los recursos para vivir una vida sin combustibles fósiles. Ya sea que desee reducir su dependencia de combustibles fósiles, vivir una vida desconectada de la red eléctrica, o reducir su impacto en el cambio climático, las instalaciones de energía solar son la tecnología que lo llevarán hasta allá.

Con 378.000 km^2 de energía solar fotovoltaica, o aproximadamente 4% de la superficie terrestre del desierto del Sahara, podríamos producir suficiente energía para satisfacer la demanda mundial de electricidad. Eso con la tecnología fotovoltaica actual, no algo futurista o teórico. Cuando piensa en el área del planeta que ya hemos pavimentado con carreteras, cubierto con edificios o trabajado para la agricultura, usar una pequeña cantidad de este espacio para la energía solar fotovoltaica no es poco realista. Solo este hecho me convence de que la energía solar no solamente es emocionante, sino también la única solución lógica para un futuro sustentable.

ÁREA REQUERIDA PARA SATISFACER LA DEMANDA MUNDIAL DE ELECTRICIDAD

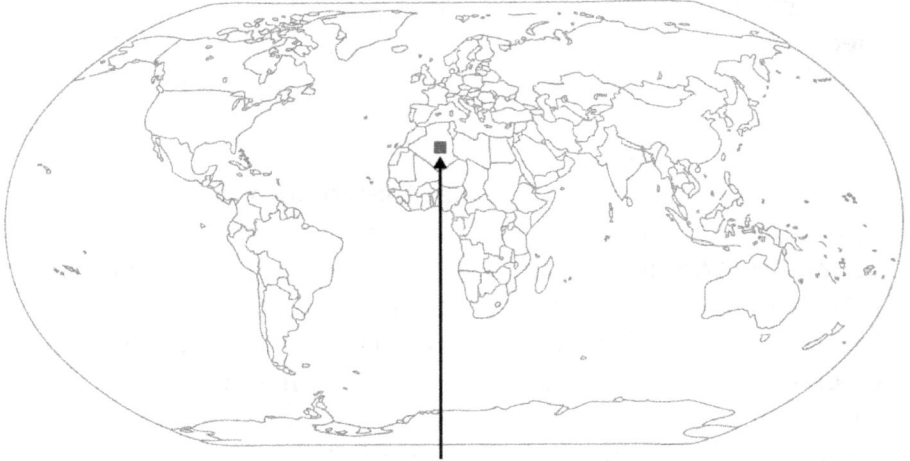

378,000 Km² de energía FV

Los 378.000Km² de energía solar FV pueden generar 16 teravatios de energía al año que cubrirían todo el consumo eléctrico, toda la maquinaria y todas las formas de transporte, de acuerdo a las estadísticas de consumo mundial del Departamento de Energía de Estados Unidos.

Cómo funciona una instalación solar aislada

El sol (fuente de combustible)

Con un sistema de energía solar nunca va a necesitar comprar combustible, este es transmitido de forma inalámbrica desde un reactor de fusión ubicado a una distancia segura de 149.6 millones de kilómetros. La luz solar que golpea la Tierra es equivalente a 170.000.000 gigavatios de energía, y, en solo ocho minutos, llega a la superficie de nuestro planeta la suficiente cantidad de energía para satisfacer las necesidades globales de electricidad durante todo un año. El sol es la fuente de combustible más abundante a nuestro alcance. Gracias a la tecnología desarrollada en los últimos 50 años, la luz solar ahora es increíblemente fácil de capturar.

Panel solar (conversor de luz solar a electricidad)

Las celdas solares fotovoltaicas (FV) convierten los fotones voladores del sol en carga eléctrica. Los fotones del sol golpean los electrones en la capa superficial de la celda FV, empujándolos a través de una capa límite donde terminan en el lado posterior de la celda. Los electrones quieren regresar al lugar de donde vinieron, entonces se apresuran de vuelta al frente de la celda través del camino de menor resistencia. Este movimiento de electrones es lo que produce energía eléctrica en el panel solar.

COMPONENTES BÁSICOS PARA UNA INSTALACIÓN SOLAR AUTÓNOMA

SOL
FUENTE DE COMBUSTIBLE

PANEL SOLAR
*LUZ SOLAR AL CONVERSOR
DE ELECTRICIDAD*

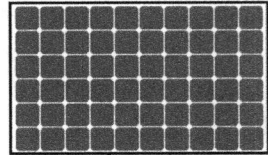

CONTROLADOR DE CARGA
ADMINISTRADOR DE ENERGÍA

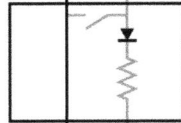

BATERÍA
ALMACENADOR DE ENERGÍA

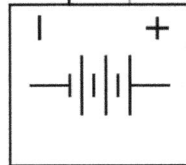

INVERSOR
CONVERSOR DE ENERGÍA

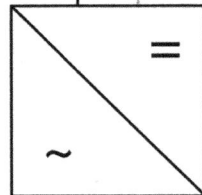

Controlador de carga (administrador de energía)

Los controladores de carga —o reguladores de carga— protegen la batería y optimizan la energía proveniente de los paneles solares. Como un funcionario policial dirigiendo el tráfico en una intersección, los controladores de carga deciden cómo fluirá la energía de acuerdo a unas reglas determinadas. Los componentes electrónicos del interior están diseñados para permitir que la electricidad fluya solo bajo condiciones específicas y para proteger las baterías. Algunos controladores de carga también alteran el voltaje para optimizar el rendimiento.

Batería (almacenador de energía)

Las baterías contienen y almacenan potencial eléctrico en forma de enlaces químicos. Los químicos se separan adentro de la batería de manera de que las moléculas con carga positiva y negativa se almacenen en lados opuestos de la batería. Una vez que las moléculas se reunen, una oportunidad de producir energía se crea. Hay muchos tipos de baterías con químicas diferentes, pero funcionan bajo el mismo principio de que los enlaces químicos mantienen o liberan una carga eléctrica.

Inversor (conversor de energía)

Los inversores "invierten" la corriente continua (CC) en corriente alterna (CA). También pueden cambiar el voltaje. En instalaciones solares autónomas, se invierte la corriente continua proveniente de las baterías y los paneles solares en corriente alterna. No todos los sistemas de energía solar aislados requieren un inversor, solo son necesarios si alguno de los equipos funciona con CA.

Diseño del sitio

Antes de que pueda instalar un sistema de energía solar necesita entender primero qué necesita potencia eléctrica, cuándo se necesita y cuánta energía es requerida a diario. Para cualquier instalación solar aislada, debe trabajar a partir de las necesidades energéticas de su sitio, de modo que el equipo funcione para usted y no al revés. Esta sección le ayudará a determinar cómo su sitio usa potencia y energía y cuánta energía solar hay disponible para usted.

Primero necesitamos considerar la diferencia entre potencia y energía, ya que algunas personas usan las palabras "potencia" y "energía" como términos intercambiables. La potencia es una tasa instantánea y es la relación de energía por unidad de tiempo. Por el contrario, la energía es la cantidad de potencia que es generada o consumida en un periodo de tiempo. Por ejemplo, vamos a considerar un cubo de agua. El ritmo al que vierta el agua es como la potencia: si la vierte lentamente, baja potencia; si la vierte rápidamente, alta potencia. La cantidad de agua en el cubo es la energía. Los paneles solares producen *potencia* cuando se exponen a la luz solar, y las baterías almacenan la *energía*.

Si no tiene familiaridad con los sistemas de energía o de ingeniería eléctrica entonces puede tener un poco de confusión por las unidades usadas para cuantificar la potencia **(vatios o watts)** y energía **(vatio-hora)**. Un vatio-hora no es una razón, no es vatio entre hora, más bien equivale a un vatio por una hora. Para una descripción más detallada de energía y potencia vea el capítulo *Entendiendo la electricidad* al final del libro.

Comience con eficiencia energética

El sistema de energía solar más rentable es el sistema más pequeño que necesite. Antes de diseñar su sistema, primero piense en sus necesidades energéticas. ¿Qué necesita potencia eléctrica realmente? ¿Qué es esencial? Si cinco televisores, un gran sistema de aire acondicionado, un jacuzzi y una extravagante fuente de agua es esencia, genial, pero necesitará un sistema de energía solar mucho más grande.

Evite diseñar su instalación solar para equipos obsoletos o ineficientes. Por ejemplo, vale la pena comprar focos —o bombillas eléctricas— eficientes incluso si tiene algunos ineficientes que aún no se han quemado. Gastar dinero en energía eficiente es usualmente más económico que comprar grandes instalaciones de energía solar. Invertir en luces LED o refrigeradores de alta eficiencia casi siempre tiene un costo menor que poner a funcionar una gran instalación solar con equipos ineficientes. Pero no tome en cuenta solo mi palabra, haga el cálculo por cuenta propia.

Tabla de cálculo de carga

Haga un inventario de todo el equipo que usa electricidad que planea alimentar con su sistema de energía solar haciendo una **tabla de cálculo de carga,** que simplemente es una hoja de cálculo que muestra la potencia en vatios de cada dispositivo, un promedio de sus horas de uso al día y si es esencial o no. La potencia en vatios usualmente se señala en la placa de identificación del equipo junto con el número de serie y las especificaciones del producto. Si no puede determinar esta potencia en vatios, use un medidor KillAWatt para determinar la potencia en funcionamiento. Vea la sección "Herramientas" en el capítulo *Ingeniería e instalación* para conocer más sobre medidores KillAWatt.

Aquí hay un ejemplo de una tabla de cálculo de carga con 4 luces LED, 2 cargadores de teléfonos celulares, un ventilador y un televisor.

EJEMPLO DE UNA TABLA DE CÁLCULO DE CARGA

Aparato	Potencia de funcionamiento (W)	Promedio de uso diario (horas)	Energía total vatios-hora (Wh)	¿Esencial?
4 luces LED	20w × 4 = 80	6	480	Sí
Carga por 2 teléfonos celulares	10w × 2 = 20	2	40	Sí
Ventilador	100	4	400	Sí
Televisor LCD	150	2	300	No
Esenciales	80+20+100 = 200		480+40+400 = 920	
No esenciales	150		300	
TOTAL	350		1220 Wh	

Potencia máxima   = 200 vatios (W)
Uso diario de energía   = 1,220 vatios-hora (Wh)

La potencia máxima y el uso diario de energía son los dos valores más importantes que debe obtener de la tabla de cálculo de carga. La **potencia máxima** es la carga máxima solo de los dispositivos esenciales que pueden funcionar al mismo tiempo. Si todos los aparatos son esenciales entonces puede eliminar esta columna o marcar todo como esencial. Si está tratando de ahorrar costos de equipos entonces puede marcar algunos de estos elementos como no esenciales, al hacerlo, planee usar aquellos aparatos que no son esenciales solo cuando haya suficiente potencia disponible. El **uso diario de energía** es el uso de energía en condiciones normales.

Potencia máxima

La tabla de cálculo de carga es usada para agregar la potencia en funcionamiento de todo el equipo esencial que podría funcionar de forma simultánea. La mayor cantidad de potencia que puede necesitar en un momento determinado se llama **potencia máxima** de su sistema. Usted puede determinar que todas sus cargas son esenciales, pero en algunos casos puede retirar aparatos de la lista esencial. Encuentre los vatios de funcionamiento de todos los dispositivos y determine bajo qué circunstancias la mayor cantidad de potencia será usada en un momento determinado.

En el ejemplo de la página anterior, 200 watts es la potencia máxima, así que usted necesitaría comprar un inversor con una capacidad de al menos 200 watts si solo usa su televisor cuando las luces y el ventilador están apagados. En este caso, sería muy fácil apagar los equipos que no son necesarios, y usted podría ahorrar en costos de equipo.

Aumento de potencia inicial o potencia de arranque

A veces los aparatos tienen un requerimiento de potencia inicial o de arranque mayor que la potencia de funcionamiento. Este aumento, también conocido como corriente de arranque, se produce se produce cuando ciertos equipos se encienden por primera vez y una corriente adicional fluye, excediendo el estado estable de la corriente activa. Los aparatos con conversores de potencia, motores y transformadores tienen una corriente de arranque. Las bombas de pozos, por ejemplo, tiene un motor que impulsa la turbina en la bomba. Todos los motores crean picos de potencia en los primeros segundos mientras el motor acelera, luego reducen la potencia de funcionamiento una vez que han alcanzado una velocidad estable. Existen muchos tipos de motores, todos con diferentes niveles de corriente de arranque. Los motores de mayor tamaño tienen una corriente de arranque definida que puede ser calculada con base en la letra de código que se muestra en su placa de identificación. La potencia de arranque puede ser tres o cuatro veces la potencia de funcionamiento, así que tómelo en cuenta si planea usar cualquier motor de gran tamaño o cualquier equipo que use motor. Los flashes de cámaras tienen grandes condensadores con una gran carga de corriente de arranque. La potencia de arranque no puede ser medida con un multímetro tradicional o un KillAWatt. Sin embargo, algunos medidores de pinza tienen una función de corriente de arranque que se puede usar para medir el pico de corriente.

Si está usando un equipo que tiene una potencia de arranque significativa, debería añadir una columna a la tabla de cálculo de carga. Determine cuál es el aparato que tiene el mayor potencia de arranque, luego sume todas las potencias de las cargas esenciales y solo agregue la mayor potencia de arranque. Este es el pico de potencia de arranque. Un inversor generalmente tiene una capacidad de sobrecarga máxima mayor a su capacidad de funcionamiento, entonces necesitará determinar si el inversor que está usando funcionará con la potencia de funcionamiento de su equipo así como con su pontecia de arranque.

EJEMPLO DE TABLA DE CÁLCULO DE CARGA CON ARRANQUE

Aparato	Potencia de funcionamiento (W)	Potencia de arranque (W)	Promedio de uso diario (horas)	Energía total vatios-hora (Wh)	¿Esencial?
4 luces LED	80	-	6	480	Sí
Carga por 2 teléfonos celulares	20	-	2	40	Sí
Ventilador	100	200	4	400	No
Televisor LCD	150	-	2	300	No
Bomba de agua	500	1500	0.5	250	Sí
Esenciales	80 + 20 + 500 = 600	80 + 20 + 1500 =1600		480 + 40 + 250 = 770	
No esenciales	250			700	
TOTAL	850			1470	

Usando el ejemplo anterior, asumamos que usted agrega una bomba de agua que tiene un arranque de 1500 vatios. La tabla de cálculo de carga se vería así:

Pico de potencia continua   = 600 vatios
Pico de potencia de arranque   = 1,600 vatios
Uso diario de energía   = 1,470 Wh

Al añadir la bomba, el uso diario de energía es solo ligeramente más alto, entonces este sistema podría usar la misma capacidad de batería que el primer ejemplo. Sin embargo, el **pico de potencia de arranque** aumentó significativamente, por lo que necesitará un inversor capaz de manejar un arranque de 1.600 vatios. Es útil tener en cuenta tanto la **potencia máxima** como **el pico de potencia de arranque**, porque la mayoría de los inversores tiene un valor de potencia de arranque y continua. Hacer una tabla de cálculo de carga es importante porque los sistemas de energía solar aislados más rentables son los que están diseñados y optimizados para su propio perfil de carga.

Alimentación fantasma

Algunos productos, como televisiones y cargadores de teléfonos celulares, usan energía cuando están enchufados incluso cuando los mismos dispositivos están apagados. A veces a esto se le llama consumo energético fantasma, alimentación phantom, o vampiros energéticos. Estos productos usan un poco de energía para alimentar la electrónica interna, como un reloj interno. Puede parecer insignificante, pero algunos vatios se acumularán rápidamente si los aparatos permanecen enchufados las 24 horas del día. Por ejemplo, si usted usa un televisor por una hora al día y este consume 150 vatios cuando está encendido y 5 vatios cuando está apagado, entonces usted usará $150\,W\,x1\,hr\ =\ 150\,Wh$ cuando está encendido y $5W\,x\,23\,hr\ =\ 115\,Wh$ cuando está apagado. ¡Eso es casi la mitad del total de la energía consumida mientras está apagado!

Recomiendo usar un protector de sobretensión con un interruptor de encendido y apagado para apagar por completo el equipo con alimentación fantasma. De lo contrario, piense en desconectar manualmente el equipo con alimentación fantasma, o bien contabilice la alimentación fantasma como otra fila en la tabla de cálculo de carga.

Equipos de alta potencia

No todos los dispositivos eléctricos son creados de la misma manera; algunos aparatos requieren 100 veces más potencia que otros. Por ejemplo, un foco de luz LED usa menos de 10 vatios, pero una tostadora usa 1500 vatios. Los devoradores de energía más grandes, como los aires acondicionados, refrigeradores, calentadores eléctricos, soldadoras y motores grandes podrían usar más energía en un par de horas que lo que usarían las luces en todo un año. Si necesita utilizar equipos de alta potencia, asegúrese de que solo lo usa durante un corto periodo de tiempo y que las baterías y el inversor pueden procesar alta corriente.

Requerimientos diarios de energía

Algunos equipos, como la iluminación, requieren energía eléctrica por más de 8 horas al día, mientras que una tostadora puede solo requerir algunos minutos al día. La iluminación generalmente requiere baja potencia de energía, pero con un uso más prolongado puede consumir más energía en general. Si usa algún equipo con poca frecuencia, tome el promedio diario durante una semana. En algunos casos, es probable que quiera ir por lo seguro y sobrestimar. Por ejemplo, en invierno puede usar sus luces por un periodo de tiempo más prolongado que durante el verano.

Días de autonomía

Ahora que conoce un promedio de los requerimientos diarios de energía, es posible que desee dimensionar la capacidad de su batería para más de un solo día de necesidades energéticas. Los **días de autonomía** son el número de días en los que las baterías completamente cargadas pueden abastecer los requisitos de carga sin recargar. La energía solar puede disminuir significativamente en los meses de invierno, el cubrimiento de nubes puede reducir su producción de energía de tal modo que sus baterías no se carguen por completo incluso después de un día entero. Si cuenta con fuentes de energía secundarias como eólica, hidráulica, o un generador de respaldo, entonces puede que no necesite más de uno o dos días de autonomía. Consulte el capítulo *Selección de potencia secundaria* para más detalles. Sin embargo, si se encuentra fuera la red sin otra fuente de energía, es posible que desee hasta tres días de autonomía. Elegir tres días de autonomía ciertamente prolongará la vida útil de sus baterías, pero es una decisión costosa. También podría optar por reducir su consumo de energía cuando las baterías tengan poca carga.

Ubicación del sitio

Con una tabla de cálculo de carga y la comprensión de sus necesidades únicas de energía, ahora puede empezar a determinar cuánta energía solar hay disponible para cosechar en su área en particular. La geometría solar y la ubicación del sol pueden ser difíciles, pero son factores esenciales, ya que la cantidad de luz solar varía según la ubicación en el planeta.

Posición del sol

La ubicación del sol se mide comúnmente por dos ángulos. El **ángulo azimut** mide la ubicación del sol a medida que cambia a lo largo del día, desde que sube en el este hasta que se pone en el oeste. El azimut funciona como un reloj de sol mide la hora del día. En la mañana, el azimut del sol tiene un valor positivo, al mediodía es cero y por la noche da un valor negativo.

El segundo ángulo usado para medir el sol es la **altitud**. Esta es la medida de cuán alto está el sol sobre el horizonte y depende de la estación y su latitud. El eje de la Tierra está inclinado en comparación con el camino que toma alrededor del sol, por lo que en invierno notará que la altitud del sol es más baja que en el verano. El solsticio de verano e invierno define la altitud máxima y mínima del sol. El ángulo se mide en grados, con el horizonte a cero y directamente sobre la cabeza a 90 grados. Si vive al norte del Trópico de Cáncer o al sur del Trópico de Capricornio, el sol nunca alcanzará los 90 grados de altitud. Si vive dentro del Trópico de Cáncer y el Trópico de Capricornio, es decir, cerca del ecuador, entonces el sol estará directamente arriba (a 90 grados) dos veces al año.

Trayecto del sol

Es útil visualizar la trayectoria del sol a lo largo del año. Primero, comience imaginando un viaje al ecuador durante la primavera o el equinoccio de otoño. Mire directamente hacia el este para el amanecer. El sol saldrá directamente frente a usted, se elevará hasta un punto directamente sobre su cabeza y se guardará detrás de usted, como si fuera una línea recta sobre su cuerpo. Ahora, imagine que caminó directamente hacia el norte hasta la mitad del Polo Norte (latitud de 45 grados) y miró hacia el este de nuevo para ver el amanecer. El sol igual saldrá directamente frente a usted, pero mientras se eleva, se inclinará hacia su lado derecho y al mediodía no estará directamente arriba, sino que estará a 45 grados a su derecha. El sol continuará poniéndose diagonalmente en el oeste.

Conocer el camino del sol durante todo el año le ayudará a decidir dónde enfocar sus módulos solares. Siempre debe orientar sus módulos hacia el sur si vive en el hemisferio norte (o hacia el norte si vive en el hemisferio sur). Con sistemas solares aislados fuera de la red siempre querrá optimizar para el peor escenario posible que usualmente es en invierno. En ese caso, le beneficiará aumentar el ángulo de inclinación de sus módulos para una menor altitud solar. Si utiliza la mayor parte de su energía en la tarde, dirija sus módulos hacia el oeste. *Es mejor producir energía solar durante de las horas en las que va a necesitarla.*

Ventana solar

La ventana solar enmarca los extremos de la trayectoria del sol en la ubicación de su sitio. Debe dirigir sus módulos hacia su ventana solar para maximizar la producción de energía. Como se mencionó anteriormente con respecto a la trayectoria del sol, cuanto más al norte estamos, más se proyecta la ventana solar hacia el cielo del sur. También, la trayectoria del sol es una línea más larga durante el verano, y más corta en el invierno. La mayor variación en la trayectoria del sol entre verano e invierno es 47 grados.

Encontrando el verdadero norte

Para poder localizar de forma efectiva su ventana solar, debe ser capaz de encontrar con precisión el norte. Puede usar las estrellas para ayudar a aproximar su alineación, pero esto puede no ser muy preciso. También puede usar una brújula, pero esta apunta al norte *magnético*, que está ligeramente alejado del verdadero Polo Norte.

Puede calcular el verdadero norte al considerar la **declinación magnética** basada en su región. En Estados Unidos, el rango de declinación magnética varía de 20 grados positivos en la costa oeste a 20 grados negativos en la costa este. En la mayor parte de África y Asia está cerca de cero y en los países del sur de África puede ser alcanzar los 20 grados negativos.

Australia está cerca de cero en la costa este, pero alrededor de 15 grados positivos en la costa oeste. Vea la siguiente imagen para determinar la declinación de su área en particular. Los polos magnéticos siempre están fluctuando y pueden cambiar en pocos años, así que asegúrese de buscar un mapa actualizado. Visite www.OffGridSolarBook.com para una imagen en alta resolución.

2010 MODELO MAGNÉTICO MUNDIAL DE DECLINACIÓN

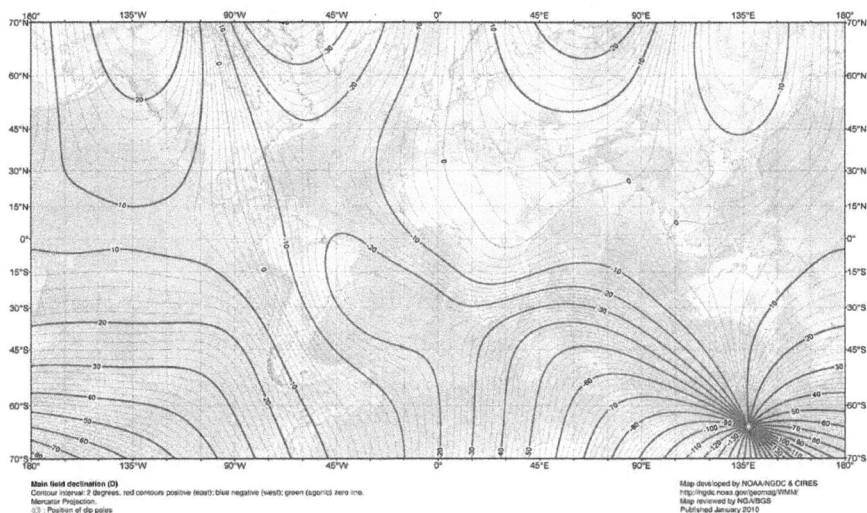

Irradiancia solar (potencia)

La irradiancia solar es la potencia de la luz solar en un área determinada y fluctúa según las condiciones del sitio. Generalmente se expresa en vatios por metro cuadrado (W/m^2) y lo mejor que puede obtener es aproximadamente 1000 W/m^2. Esto a veces se llama pico de sol y es una irradiación solar típica al nivel del mar que se enfrenta directamente al sol en un día despejado al mediodía. Bajo las circunstancias adecuadas, esto puede llegar tan alto como

1250W/m² si su ubicación es de alta altitud, hay reflejos de nubes o cuando hay días de invierno fríos pero despejados.

Insolación solar (energía) y hora solar pico

La insolación solar es esencialmente la irradiancia solar a lo largo del tiempo. Como mencioné anteriormente, el sol no siempre está perfectamente alineado con los módulos solares, y la luz solar fuera de ángulo reduce el potencial de producción del sistema. Si bien el sistema puede alcanzar la máxima irradiación solar a la mitad del día, no alcanzará la potencia máxima por *el resto* del día. Básicamente, los módulos producen un rango variable de energía durante todo el día y la clasificación de energía especificada en la placa de identificación del módulo es solo la máxima.

La insolación solar es a veces simplificada como el equivalente a la **hora solar pico** (HSP), las horas equivalentes de luz solar a 1000 W/m². La HSP es una cifra que se puede multiplicar por la potencia nominal de los módulos solares para que coincida con la producción de energía real para ese día. Al simplificar la producción de energía a la HSP, es posible estimar los requisitos de tamaño del arreglo solar y la ventana solar disponible.

Un error común consiste en sobrestimar la producción de energía de su sistema de energía solar. Aunque usted tiene más de 12 horas de luz solar entre el amanecer y el atardecer, no significa que tendrá 12 HSP o que su módulo de 250 vatios producirá una potencia total de 250 vatios durante las 12 horas del día.

El gráfico a continuación muestra cómo la HSP es una simplificación de la curva de campana de la producción real. En otras palabras, el área debajo de la curva de campana es igual a la del área en el rectángulo.

EXPLICACIÓN DE LA HORA SOLAR PICO (HSP)

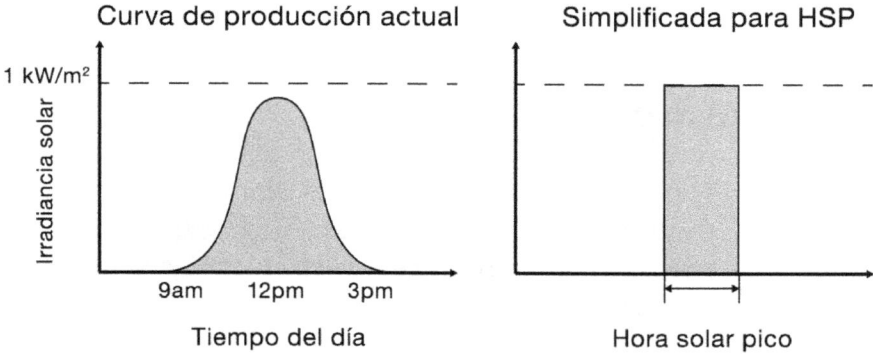

Curva de producción actual   Simplificada para HSP

Figura: Curva de producción actual con eje vertical "Irradiancia solar" marcado en 1 kW/m², eje horizontal "Tiempo del día" con marcas 9am, 12pm, 3pm; y gráfico simplificado "Hora solar pico".

Hora solar pico en invierno

Con sistemas solares aislados es importante diseñar la producción del sistema para recargar completamente las baterías casi a diario. La producción de invierno podría ser casi 50% más baja que la producción de verano. Para evitar que las baterías se dañen, debe diseñar la capacidad de su sistema fotovoltaico para el peor escenario y no para el promedio. Estimar y diseñar para el peor escenario de irradiancia durante el mes más oscuro del invierno puede prolongar sus baterías significativamente. La HSP en invierno es una métrica crítica para un sistema de energía solar aislado.

Diseñar para la producción solar en invierno significa que, inevitablemente, habrá un exceso de potencia en los meses de verano y las baterías se recargarán muy rápidamente. Obviamente, el tamaño de la batería no cambia, por lo que la energía nocturna es la misma, ya sea en verano o en invierno. Dicho esto, es importante tener en cuenta la potencia adicional disponible durante los meses de verano, ya que podría usarse para operar aparatos adicionales durante esos días de verano más largos. Ventiladores, molinos, máquinas de hielo, aires acondicionados y refrigeradores son buenas cargas diurnas para contrarrestar el calor del verano.

Factor de capacidad

La hora solar pico (HSP) es un promedio diario de energía disponible y ayuda a determinar la eficiencia de nuestro sistema de energía. Las grandes centrales eléctricas suelen usar el término factor de capacidad para representar la eficiencia de la central eléctrica. El factor de capacidad es una relación entre la producción total de energía y la capacidad señalada en la placa de identificación. Se suele mostrar como porcentaje, pero con los sistemas de energía solar una métrica común es el **rendimiento energético anual**, que es la producción anual de energía por tamaño del sistema. El rendimiento energético anual es una relación de kilovatios-hora por pico de kilovatio (kWh/kWp), y considera todas las ineficiencias del sistema desde las celdas solares hasta el controlador de carga y el inversor. Las pérdidas del sistema suelen ser de alrededor del 15% y un 10-20% más si almacena toda esa energía en baterías antes de usar la electricidad.

La HSP no toma en cuenta las pérdidas por ineficiencia del sistema. La HSP es una métrica útil para la etapa inicial de la planificación, antes del diseño de su sistema, pero el rendimiento energético anual es una métrica más realista si modela su producción con el equipo real que planea usar.

Si tiene un conocimiento limitado sobre la ubicación de su sitio y necesita realizar una estimación, considere lo siguiente: Si un sistema se instala correctamente con un sombreado mínimo y con una inclinación óptima, puede esperar obtener entre 1200 y 2000 kWh/kWp anualmente para un sistema fotovoltaico tradicional de inclinación fija. En el suroeste americano, cerca del desierto del Sahara, o en los desiertos de Australia, puede estimar 2000 kWh/kWp, pero estos lugares son particularmente soleados y pocos lugares obtendrán tanta energía. Si hay muchos árboles altos alrededor o está cubierto de nubes o neblina la mayor parte del año, espere obtener menos de 1200 kWh/kWp.

MAPA GLOBAL DE RADIACIÓN SOLAR

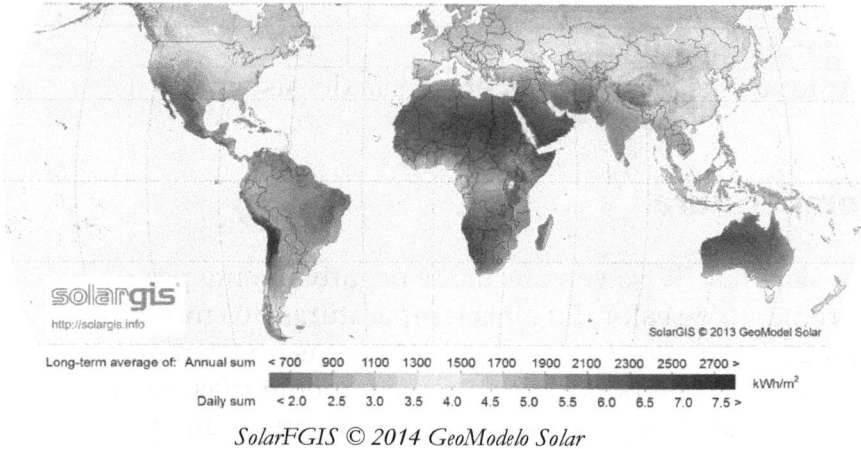

SolarFGIS © 2014 GeoModelo Solar

El rendimiento energético anual es la energía disponible antes de cargar las baterías. Si sus baterías están completamente cargadas y no hay carga en el sistema, entonces parte de la energía solar producida no se utilizará. Este problema es inevitable con sistemas de energía solar sin conexión a red eléctrica, pero con una buena tabla de cálculo de carga y un plan de administración de carga, estas pérdidas pueden reducirse al mínimo.

Ejemplo de equipo FV de inclinación fija			
	Niveles de insolación		
	Bajo	Normal	Alto
Promedio HSP diario*	3.5	4.8	6.0
Rendimiento energético anual (kWh/kWp)	1200	1550	2000
Factor de capacidad	14%	18%	23%

* Antes de las pérdidas por eficiencia del sistema.

Temperatura

Los sistemas FV se ven afectados negativamente por incremento de calor. En altas temperaturas, los módulos solares son menos eficientes y las baterías podrían incluso dañarse. Las temperaturas extremadamente frías pueden aumentar la eficiencia fotovoltaica, pero generalmente tienen un efecto negativo en las baterías. Coloque sus baterías en un lugar alejado de la luz solar directa y preferiblemente en un lugar bien aislado para que los cambios de temperatura se mantengan al mínimo. Los módulos FV pueden enfriarse pasivamente si se montan con espacio detrás de ellos para permitir el flujo de aire. Es mejor mantener un espacio de 50 mm o más detrás de los módulos y la superficie de montaje para una óptima disipación de calor. La temperatura de la celda de un módulo solar es generalmente entre 30 y 40 °C más elevada que la temperatura ambiental, y por cada grado superior a 25 °C, el rendimiento del módulo caerá 0,5 % aproximadamente.

Diseño del arreglo fotovoltaico

Ahora que comprende las condiciones de su sitio y cómo aprovechar la luz solar para su ubicación particular, puede usar esta información para diseñar un sistema apropiado.

Orientación de la estructura

Al igual que los dos ángulos utilizados para ubicar el sol en el cielo, hay dos ángulos para definir la orientación de un arreglo solar, el **ángulo de azimut de la estructura** y el **ángulo de inclinación de la estructura**. El azimut de la estructura le indica si está apuntando el arreglo generalmente hacia el sol de la mañana (este), hacia el mediodía solar o hacia el sol de la tarde (oeste). Dependiendo de las condiciones del sitio y sus necesidades de energía, es posible que prefiera un azimut particular de la estructura. Por ejemplo, si se utiliza mucha energía a primera hora de la tarde, lo mejor sería apuntar los módulos hacia el oeste para capturar la luz del atardecer. Esto asegura que la energía se produce durante los tiempos en los que se está utilizando.

Ángulo de inclinación de la estructura

Un buen lugar para comenzar al elegir el ángulo de inclinación del arreglo es coincidir con el ángulo de latitud del lugar. Por ejemplo, en Puerto Rico, la latitud es de 18 grados al norte del ecuador, por lo que un ángulo de inclinación de 18 grados hacia el sur haría que los paneles solares se orienten directamente hacia el sol la mayor parte del tiempo.

El ángulo de inclinación de estructura se mide desde el suelo hasta el borde posterior del módulo. Una estructura plana horizontal al suelo tiene un ángulo de inclinación de cero y es buena para los sistemas cercanos al ecuador. Si está ubicado más al norte, deseará aumentar el ángulo de inclinación de su arreglo hacia la parte sur del cielo. Si desea optimizar para el invierno, debe aumentar el ángulo de inclinación del arreglo hasta en 15 grados. Tenga en cuenta que algunos sistemas de montaje solar proporcionan una estructura ajustable para la inclinación, de manera de que pueda optimizarse para los cambios estacionales de la altitud del sol. Consulte el capítulo *Ingeniería e instalación* para más detalles de la estructura de inclinación ajustable.

Si planea hacer el montaje encima de su techo, es mejor hacerlo al ras en la superficie del techo para facilitar la instalación. Sin embargo, para los techos planos, es beneficioso agregar al menos 5 grados de inclinación de la estructura. Tenga en cuenta que reducir el ángulo de inclinación puede hacer que la estructura de montaje del sistema sea menos costosa o más segura en regiones con vientos fuertes. Si está utilizando un sistema de montaje sobre un poste o en el suelo, podría diseñar su sistema para una inclinación ajustable con el fin de mejorar la cosecha de energía durante todo el año.

Diseño para su patrón de carga

Usar los equipos mientras los paneles solares producen energía es la forma de uso más eficiente de la energía solar. Esto es porque la energía no necesita estar almacenada en las baterías. La eficiencia de ida y vuelta se reduce 80 a 95 % cuando se almacena y se usa luego. Con un sistema de energía solar aislado, usted siempre va a querer recargar completamente sus baterías, pero también podría considerar ajustar la inclinación y la orientación de la estructura para maximizar la producción de energía solar cuando está utilizando su electricidad.

¿Planea tener cargas altas en el invierno? Tal vez quiera usar un calentador de agua eléctrico, que seguramente usará más energía en los meses de invierno en comparación con los de verano. Si este es el caso, debería considerar aumentar su ángulo de inclinación para maximizar la producción de invierno. ¿Planea usar un ventilador, un televisor o una computadora en la tarde después de llegar del trabajo a casa? Podría considerar dirigir sus módulos hacia el oeste para capturar la mayor cantidad de energía en la tarde. Estos son solo dos ejemplos de cómo apuntar sus paneles solares puede mejorar el rendimiento de su sistema.

¿Diseño para un sistema CC o CA?

La mayoría de los sistemas fuera de la red asumen que usted necesita alimentación de corriente alterna (CA), pero debe determinar de antemano si la alimentación de CA es realmente necesaria para usted. Los controladores de carga proporcionan alimentación de corriente directa (CC), por lo que el costo adicional de usar un inversor solo es necesario si planea utilizar aparatos grandes que requieren alimentación de CA. Podría tener un sistema más simple que cueste menos dinero y sea más eficiente si omite el inversor. La mayoría de las luces LED y los pequeños dispositivos electrónicos ya funcionan en CC y algunos controladores de carga tienen una salida para cargas de CA. Evitar la necesidad de inversores y alimentación de CA es posible con sistemas pequeños y portátiles en los que tiene control total sobre las fuentes de alimentación de CC para el equipo.

Si está tratando con alta potencia o tiene cables largos de más de 20 metros para conectar cualquiera de sus equipos, entonces podría considerar usar un inversor. Los inversores CA usan un voltaje de 120V o 240V, mientras que los sistemas

CC generalmente son de 12V, 24V o 48V. Es el alto voltaje, no el hecho de que sea CC o CA, lo que es beneficioso para grandes extensiones de cable. También puede tener un centro de carga de ambas corrientes, CC y CA, para acceder a las ventajas de cada formato.

Si elige diseñar un sistema solo para CC, asegúrese de que sus aparatos estén diseñados para su uso con CC. La Global Off-Grid Lighting Association (GOGLA), publicó un catálogo de aplicaciones de CC llamado: *Photovoltaics for Productive Use Applications: A Catalogue of DC-Appliance.* Enumera los productos de CC diseñados para trabajar directamente con paneles solares de CC o baterías de CC, como bombas de agua, televisores, radios, equipos de comunicación, congeladores, refrigeradores, herramientas de taller y cercas eléctricas, así como equipos para la confección, corte de cabello, procesadores de alimentos, avicultura y producción de lácteos.

¿Instalación FV acoplada a corriente alterna o continua?

En algunos casos, generalmente para sistemas solares y de baterías más grandes, puede hacer que su sistema fotovoltaico y su sistema de baterías funcionen por separado. Cuando se acopla un sistema de energía solar y de batería a una corriente alterna, se usa un inversor de batería y un inversor FV, luego se conectan a su circuito de CA. Esto requiere equipo redundante (dos inversores) y, por lo tanto, puede costar más dinero, pero también permite adaptar un nuevo sistema de batería con un sistema solar fotovoltaico existente.

Para las instalaciones autónomas, rara vez se plantea un buen caso para tener sistemas acoplados a CA, a menos que su sistema sea muy grande o consista de diferentes sistemas unidos, que también se denomina micro-red. Por ejemplo, podría tener tres sistemas fotovoltaicos de 8 kW con inversores simples de seguimiento de la red y un sistema de batería grande de 30 kW con un inversor de formación de red. La micro-red está "formada" por el inversor de la batería y los inversores solares "siguen" la tensión de la micro-red y producen energía de CA en la red.

En su mayor parte, este libro se centra en los sistemas acoplados a CC, lo que en términos generales significa que la instalación fotovoltaica y las baterías están conectadas a un circuito de CC con un inversor. En un sistema acoplado a CC, su inversor puede ser bidireccional (CC a CA y CA a CC), por lo que puede recargar las baterías desde el lado de CA, normalmente con una conexión a la red o un generador. Pero un inversor bidireccional no es necesario y generalmente cuesta mucho más que un inversor estándar. Consulte el capítulo *Selección del inversor* para aprender más sobre inversores bidireccionales.

¿Qué es una micro-red?

Existen diferentes definiciones de una micro-red, dependiendo de a quién le pregunte y del contexto particular en el que se use el término. Esta sección incorpora múltiples variaciones del término para resaltar las características clave de una micro-red.

Hay sistemas conectados a la red eléctrica con grandes sistemas de almacenamiento de energía y dispositivos electrónicos inteligentes que pueden proporcionar energía a un área cuando falla la red. En los países en desarrollo, existen sistemas fuera de la red con medidores de pago por uso. En los campus universitarios, hay sistemas combinados de calefacción y potencia para grupos de edificios.

Técnicamente todas estas son micro-redes, pero de diferentes tipos. La mejor definición, pero más inclusiva, que he visto es la del Instituto de Micro-red:

Una micro-red es un pequeño sistema de energía capaz de equilibrar la generación cautiva y la demanda de recursos para mantener un servicio estable dentro de un límite definido.

Características claves de una micro-red:

1. La conexión a la red eléctrica tradicional es *opcional*.
2. La flexibilidad, la confiabilidad y la sostenibilidad son las responsabilidades principales.
3. Respaldo para todas las cargas del sistema, no sólo las cargas críticas.
4. Se necesita tecnología moderna para optimizar la producción y el uso de la energía.

Según el Departamento de Energía de los Estados Unidos:

Una micro-red es una red de energía local con capacidad de control, lo que significa que puede desconectarse de la red eléctrica tradicional y operar de forma autónoma.

Según el Instituto Rocky Mountain:

Las micro-redes son subconjuntos de la red mayor y generalmente incluyen su propia generación (fotovoltaica, turbinas eólicas y celdas de combustible), su propia demanda (luces, ventiladores, televisores, computadoras, etc.) y, a menudo, la capacidad de moldearlas para que se ajusten a precio y prioridad, y tal vez incluso la capacidad de almacenamiento (en baterías o en la distribución de almacenamiento de vehículos electrificados). Lo que hace que la micro-red sea única es que coordina y equilibra de manera inteligente todas estas tecnologías.

Según el Instituto de Micro-red:

*Una micro-red es un pequeño sistema de energía capaz de equilibrar los recursos cautivados de acuerdo a la producción y demanda para mantener un servicio estable dentro de un límite definido. **Las micro-redes se definen por su función, no por su tamaño.** Las micro-redes combinan varios recursos de energía distribuida para formar un sistema completo que es más grande que sus partes.*

La mayoría de las micro-redes se pueden describir con más detalle en una de las cinco categorías (según lo define el Instituto de Micro-red):

- **Micro-redes aisladas**, incluidas islas, lugares remotos y otros sistemas de micro-red que no están conectados al servicio de red eléctrica local.
- **Las micro-redes de campus** que están completamente interconectadas con una red de servicio público local pero también pueden mantener un cierto nivel de servicio aislado de la red, por ejemplo, durante una interrupción del servicio. Los ejemplos típicos son los campus universitarios y corporativos, las prisiones y las bases militares.
- **Las micro-redes comunitarias** que están integradas a redes de servicios públicos. Estas micro-redes sirven a múltiples clientes o servicios dentro de una comunidad, generalmente para proporcionar una potencia resistente para los activos vitales de la comunidad.

- **Micro-redes de distrito de energías** que proporciona electricidad y energía térmica para el calentamiento (y enfriado) de múltiples instalaciones.
- **Nanorredes** compuestas por las unidades más pequeñas y discretas con la capacidad de operar de forma independiente. Una nanorred se puede definir como un solo edificio o un solo dominio de energía.

Los retos de la micro-red

La diferencia principal entre un sistema autónomo estándar y una verdadera micro-red, es que la micro-red usualmente tiene muchos usuarios finales de esta electricidad. También puede tener más de una fuente de energía. Estas complejidades adicionales requieren más equipos de medición, desviación y desconexión de cargas.

Por ejemplo, si una comunidad construye una micro-red con un gran sistema de energía solar y de batería, entonces en cada hogar de esta comunidad debería haber un medidor local para medir (y a veces desconectar) la potencia y la energía usada. Si se espera que cada hogar pague su parte de la electricidad, entonces el medidor local debe determinar con precisión la cantidad de energía usada y desconectarse si se agota la cuota. Existen muchos tipos de sistemas de pago para micro-redes, como el pago por uso o el prepago. Todos requieren algún tipo de infraestructura para pagos con tarjetas de crédito, pagos a través de páginas web, o incluso pago por minutos de teléfono celular. La mayoría de las micro-redes funcionales que he visitado requieren transacciones persona a persona para comprar créditos, lo que además requiere un personal para la administración de los pagos.

Las micro-redes también tienen una importante infraestructura de carga eléctrica en comparación con un sistema autónomo típico. Esto podría incluir cableado sustancial desde el sitio de generación a múltiples usuarios finales con subpaneles y conexiones redundantes, o incluso transformadores de alto voltaje con cableado aéreo para distancias más largas.

Hasta este punto, usted ya debería tener una buena idea de cómo usará energía en su localidad y las capacidades generales de su espacio. A continuación, exploraremos la tecnología específica con más detalle, para que pueda elegir el equipo adecuado para el trabajo.

Selección de la batería

Ahora que entiende el perfil de carga de su sistema y las capacidades de energía solar en su localidad, necesita elegir el equipo apropiado para su instalación solar autónoma. Antes de fabricar un sistema detallado, hay un par de cosas que se deben hacer primero. Comience eligiendo las baterías, ya que ellas definirán por cuánto tiempo podrá proveer energía sin luz solar disponible. Luego de esto, seleccione el tipo de módulo solar, el controlador de carga, el inversor y el equilibrio de los componentes del sistema (es decir, todos los equipos eléctricos y mecánicos secundarios, que se explican más adelante en este libro).

Ahora es un buen momento para repasar el voltaje, la corriente y la resistencia. El **voltaje**, la medida del potencial eléctrico, se mide en voltios (V). El voltaje, también llamado tensión eléctrica, mide la diferencia del potencial eléctrico entre dos partes de un circuito y es comúnmente comparado con la presión. Por ejemplo, imagine dos cubos de agua: uno lleno de agua, el otro vacío. Si un tubo conecta los dos cerca del fondo, el agua fluirá con rapidez del cubo lleno al cubo vacío, por la presión del agua. Lo mismo ocurrirá si conecta un módulo solar y una batería. Mientras que el panel solar tenga un voltaje más alto, o "presión", va a empujar energía hacia la batería.

La corriente, también conocida como amperaje, es la medida del flujo eléctrico y se mide en amperios o amperes (A). Puede pensar en esto como el número de electrones que se mueven a través de un conductor en un período de tiempo determinado. Un amperio es literalmente la medida de 6 mil millones de mil millones (6.2415×10^{18}) de electrones por segundos.

Si un circuito no tiene voltaje, entonces no tiene corriente. En otras palabras, si no hay diferencia en el potencial eléctrico, entonces no habrá flujo de electricidad.

La **resistencia** eléctrica es una medida que indica cuánto se opone un conductor al paso de electrones. Representa la dificultad de la electricidad para fluir y se mide en ohmios (Ω). La resistencia es la relación entre el voltaje y la corriente, entonces si desea tener baja resistencia quiere un voltaje alto en comparación con la corriente. Lea el capítulo *Entendiendo la electricidad* al final del libro, para una descripción más detallada de voltaje, corriente y resistencia.

Bien, ahora de vuelta a las baterías, los acumuladores de energía para su instalación solar autónoma. Las baterías de **ácido-plomo** son las más comunes, y en este capítulo hablaremos principalmente sobre ellas. Las baterías **de iones de litio** son populares en productos pequeños y vehículos eléctricos (EV, por sus siglas en inglés) y se están volviendo más comunes en sistemas de energía solar. Cuando el sistema de baterías también incluye un sistema de gestión de baterías o un Battery Management System (BMS), un equipo de seguridad y un inversor, generalmente se denomina sistema de almacenamiento de energía (ESS) o sistemas de almacenamiento energético (BESS).

Otros tipos de baterías

Hay muchas tecnologías de baterías en el mundo, cada una con sus ventajas y limitaciones únicas. Sin embargo, solo mencionaré los tipos de baterías más relevantes para una instalación solar aislada. A continuación una lista de las químicas de baterías menos comunes. Solo algunos fabricantes las admite, pero puede encontrar estos tipos de baterías en descuento y usarlas a pesar de otras desventajas.

Las baterías de ion sodio están hechas de materiales que no son tóxicos ni inflamables. Suelen tener un ciclo de vida prolongado y no se dañarán al dejarlas con carga parcial por largos períodos de tiempo. Son bastante pesadas y grandes para la cantidad de energía que proveen, son similares a las baterías ácido-plomo en tamaño y peso. Su gran desventaja es que deben ser cargadas o descargadas con lentitud debido a su alta resistencia interna.

Las baterías de níquel-hierro (NiFe) son tecnologías antiguas creadas por el inventor sueco Waldemar Jungner en 1899 y comercializadas por Thomas Edison en 1901. Las baterías NiFe tienen un ciclo de vida muy largo, duran hasta 30 años y son muy tolerantes a abusos por sobrecarga, descarga excesiva y cortos circuitos. El problema con las baterías NiFe es que son 3 o 4 veces menos eficientes que otras baterías. Además, muchos inversores y controladores de cargas no pueden gestionar la diferencia del alto voltaje entre el estado de carga completa y descargado.

Las baterías de níquel-cadmio (NiCd) son resistentes y tienen un ciclo de vida relativamente largo, pero están hechas de cadmio tóxico, pudiendo ocasionar serios problemas si no se desechan adecuadamente. Recientemente, las baterías de NiCd han empezado a ser reemplazadas por **baterías de níquel-metal hidruro (NiMH),** que son similares a las NiCd pero con una ligera mejora de rendimiento. Las baterías NiCd y NiMH son buenas para sistemas de muy bajo mantenimiento.

Las baterías de zinc-aire tienen similitudes con las celdas de combustible. Al cargar una batería de zinc-aire, la electricidad convierte el óxido de zinc en zinc y oxígeno. Cuando el zinc se separa del oxígeno, hay energía potencial disponible. Durante el proceso de descarga, la batería combina el zinc y el oxígeno, lo que produce una carga eléctrica. Las baterías de zinc han sido estudiadas por mucho tiempo, pero pocas compañías han encontrado formas de comercializar la tecnología de las baterías.

Para conocer más sobre baterías yo recomiendo leer el contenido de www.BatteryUniversity.com

Baterías de ácido-plomo

Hay muchas consideraciones al seleccionar una batería y eso hace que cada proyecto sea diferente. Las baterías de ácido-plomo comunes y relativamente baratas pueden ser adecuadas para la mayoría de los sistemas. Las baterías de ion-litio pueden ser apropiadas para su sistema, pero como es una nueva tecnología pueden no tener tanta disponibilidad. En los próximos años, las baterías de litio serán más rentables y probablemente reemplazarán la tecnología menos eficiente de ácido-plomo.

Si las baterías de ácido-plomo se mantienen adecuadamente, funcionarán con una eficiencia del 80-90%. Es importante almacenar una carga completa siempre que sea posible, ya que esto prolongará la vida útil de la batería y mantendrá una mayor eficiencia. Las baterías de ácido-plomo pueden dañarse si se sobrecargan o descargan en exceso. En este capítulo, explicaré cómo mantener correctamente las baterías para aumentar su vida útil.

Compre baterías de ciclo profundo, no baterías para automóviles

Las baterías diseñadas para arrancar el motor de un automóvil NO se recomiendan para un sistema de energía solar FV. Las baterías de arranque ya están disponibles en todo el mundo y son relativamente económicas debido a la industria del automóvil, pero dejarán de funcionar en un plazo de 3 a 12 meses si se usan con un sistema de energía solar.

Para aplicaciones de carga solar, desea una **batería de ciclo profundo,** similares a las que se usan para barcos o vehículos eléctricos; una típica batería de automóvil no funcionará. A veces llamada batería de *fuerza motriz* o de *tracción*, la batería de ciclo profundo está diseñada para ser descargada con regularidad usando una gran parte de su capacidad. Descargar completamente una batería de arranque con demasiada frecuencia daña las placas delgadas, por lo que las baterías de ciclo profundo están construidas con placas más gruesas y una química diferente para manejar los ciclos de carga más profundos.

Las baterías de arranque utilizadas en los automóviles producen ráfagas cortas y de alta corriente para arrancar un motor y están diseñadas para descargar solo una pequeña cantidad de su capacidad. También se conocen como baterías SLI por el término en inglés Starting, Lighting and Ignition (SLI). Las baterías de arranque están diseñadas para permanecer casi 100% cargadas la mayor parte del tiempo. La arquitectura interna de este tipo de baterías incluye una gran cantidad de placas delgadas para alcanzar una mayor área de superficie, lo que proporciona rápidas ráfagas de corriente cuando es necesario. Si se utilizan baterías como estas para un sistema FV, fallarán rápidamente porque la arquitectura interna no está diseñada para los ciclos de carga y descarga profunda comunes en un sistema FV aislado.

Tipos de baterías de ácido-plomo

Ahora que sabe que debe buscar una batería de ciclo profundo, ¿cuál debería elegir? Depende de cómo planea mantener sus baterías. Si está configurando un sistema de energía solar remoto sin contar con una persona disponible para proporcionar mantenimiento, entonces debe considerar las baterías de ácido-plomo reguladas por válvula (VRLA, por sus siglas en inglés). Si planea tener a una persona encargada del mantenimiento de las baterías, y tendrá la capacidad de atenderlas al menos una vez al mes, entonces debe considerar las baterías ácido-plomo húmedas —o inundadas (flooded)—, ya que cuestan cerca de la mitad del valor de las VRLA.

Las baterías de ácido-plomo tienen una gran capacidad y están disponibles en muchos lugares del mundo. Las húmedas son menos comunes y requiere más mantenimiento en comparación con otras baterías; sin embargo, también tienden a proporcionar el costo más bajo por kWh.

Batería sellada de ácido-plomo o con válvula reguladora (VRLA)

Hay dos tipos principales de baterías "selladas": **De gel y de fibra de vidrio absorbente (AGM, por sus siglas en inglés)**. Técnicamente no están selladas, pero están reguladas por válvulas para permitir que los gases escapen. Si desea tener un sistema de bajo mantenimiento, una batería sellada puede ser su mejor opción. Debido a que la VRLA no se derramará como pueden hacerlo las baterías húmedas, puede montarlas en diferentes posiciones.

* Recuerde que todas las baterías de ácido-plomo requieren una ventilación adecuada, incluso si están etiquetadas como baterías "selladas".

Las baterías de gel funcionan mejor que las baterías AGM a altas temperaturas, pero necesitan ser recargadas muy lentamente, lo que no es óptimo para la instalación solar. Las baterías AGM son generalmente más livianas y menos costosas por amp-hora en comparación con las de gel. Las baterías de gel son útiles en situaciones donde hay vibraciones significativas, porque el gel evita que el electrolito se mueva. Rara vez hay problemas de vibración o rotación con las instalaciones FV, por lo que las ventajas de las baterías de gel, por lo general, no aplican.

Baterías húmedas de ácido-plomo

Las baterías húmedas cuestan aproximadamente la mitad del valor de las VRLA, son ligeramente más livianas por capacidad de energía y tienden a tener mayores capacidades. Requieren monitoreo y medición al menos una vez cada tres meses. Las posibilidades de que fallen son más altas con las baterías húmedas si no se mantienen correctamente. Las baterías húmedas requieren una ventilación adecuada y no deben almacenarse en espacios habitables. También tienen el potencial problema de volcarse y derramar ácido corrosivo.

Las baterías húmedas son una buena opción para sistemas aislados más grandes, cuando hay más de 2.000 vatios de energía FV y alguien puede mantener el equipo mensualmente. En la siguiente sección se explica más sobre el mantenimiento necesario de estas baterías.

Placas tubulares, baterías húmedas de ácido-plomo

Las baterías húmedas de ácido-plomo vienen en dos tipos: en placa tubular y en placa plana. La placa tubular también suele denominarse "OPzS", un acrónimo alemán que significa: O = Ortsfest (estacionario), Pz = PanZerplatte (placa tubular) y S =

Flüssig (inundado). Debido a su construcción, las baterías de placa tubular tienen una vida más larga y proporcionan más ciclos en comparación con otras tecnologías de ácido-plomo. Es por esto que la OPzS puede tener el menor costo total de propiedad debido a que su rendimiento total de energía es significativamente mayor en comparación con otras baterías de ácido-plomo, mientras que el costo inicial es solo ligeramente más alto.

Se pueden enviar "secas" sin electrolito para que duren más tiempo almacenadas y sean más livianas para el envío. En ese caso, deberá encontrar ácido sulfúrico y preparar la solución adecuada para su clima local. Para climas más cálidos, puede usar menos ácido sulfúrico y para climas más fríos debe usar más para evitar la congelación.

Las baterías húmedas de placa tubular tienden a usarse para proyectos de mayor capacidad y a menudo se usan para proyectos de telecomunicaciones remotos. Pueden durar hasta 20 años, incluso con una profundidad de descarga de hasta el 80%, pero si se utilizan en climas más cálidos, su ciclo de vida puede reducirse radicalmente.

Mantenimiento para baterías húmedas de ácido-plomo

Densidad específica

Parte del mantenimiento requerido con baterías húmedas es medir el líquido del electrolito dentro de la batería y verificar la densidad relativa. Esto le informa sobre la profundidad de carga y el estado de la batería. La gravedad específica o densidad relativa es la relación entre la densidad de la solución de electrolito y la densidad estándar del agua. En climas más fríos, esta proporción debe aumentarse para reducir la posibilidad de congelación. La gravedad específica puede disminuirse en áreas con un clima más caluroso, ya que no es probable que se congele la batería y esto prolongará la vida útil de la batería. La batería debe obtener una carga ecualizada si la gravedad específica es inconsistente entre las celdas.

Los densímetros miden la gravedad específica del fluido de una batería y luego pueden determinar con precisión su voltaje. Si la diferencia de voltaje entre las celdas es más de 0.2V, entonces es el momento de ecualizar. Una gran diferencia de voltaje entre las celdas también es un signo de una batería defectuosa/muerta o un signo de celdas sulfatadas.

Ecualizando

Puede extender la vida útil de sus baterías húmedas de ácido-plomo si se aplica una carga de ecualización o igualación una o dos veces al mes. Una **carga de ecualización** es una carga especial aumentada que aumenta la tensión aproximadamente un 10% más de lo normal y se aplica durante hasta 16 horas. La ecualización garantiza que todas las celdas de la batería estén igualmente cargadas y creen burbujas de gas que ayudan a mezclar el líquido del electrolito. Siempre deje reposar las baterías al menos tres horas antes de que realice la ecualización. Siga las instrucciones de su controlador de carga o inversor para obtener detalles sobre cómo aplicar una carga de compensación.

Las baterías AGM y de gel también se pueden ecualizar varias veces al año, pero consulte con el fabricante antes de hacerlo. Tenga en cuenta que nunca debe ecualizar las baterías de litio. Para obtener más información sobre el mantenimiento de sus baterías, consulte el capítulo *Funcionamiento y mantenimiento*.

Baterías de ion-litio

Durante décadas, las baterías de ácido-plomo han sido la opción dominante para las instalaciones solares aisladas, pero con el crecimiento de los vehículos eléctricos (EV), la tecnología de las baterías de iones de litio (Li-ion o ion-litio) ha mejorado y se han convertido en una opción viable para los sistemas de energía solar fuera de la red eléctrica. Sin embargo, tenga en cuenta que el uso de baterías de ion-litio en su instalación solar autónoma agrega otra capa de complejidad a su sistema, así que asegúrese de estar preparado para el desafío del diseño.

En el 2016, las baterías de iones de litio apenas comenzaban a utilizarse para instalaciones de energía solar a gran escala, pero se han usado para sistemas de energía solar portátiles y de mano durante años. Debido a su densidad de energía mejorada y su facilidad de transporte, merecen una seria consideración para los sistemas de energía portátiles.

Si bien las baterías Li-ion tienen sus ventajas para proyectos solares pequeños y portátiles, dudaría en recomendarlas para todos los sistemas grandes. La mayoría de los inversores y controladores de carga aislados disponibles en el mercado actual están diseñados para baterías de ácido-plomo, lo que significa que los puntos de ajuste incorporados para dispositivos de protección no están diseñados para baterías de ion-litio. El uso de estos componentes electrónicos con una batería de iones de litio ocasionaría problemas de comunicación con el sistema de administración de la batería (BMS) que protege la batería. Dicho esto, ya hay algunos fabricantes que venden controladores de carga para baterías Li-ion y es probable que ese número crezca en el futuro.

El gráfico de la página siguiente ilustra cómo las baterías de ion-litio tienen aproximadamente un tercio del peso y la mitad del volumen en comparación con las de ácido-plomo (húmedas, AGM y gel). Las baterías de iones de litio están en una liga propia en comparación con todos los demás tipos de baterías, ya que son significativamente más densas en energía.

COMPARACIÓN DE LA DENSIDAD DE LAS BATERÍAS

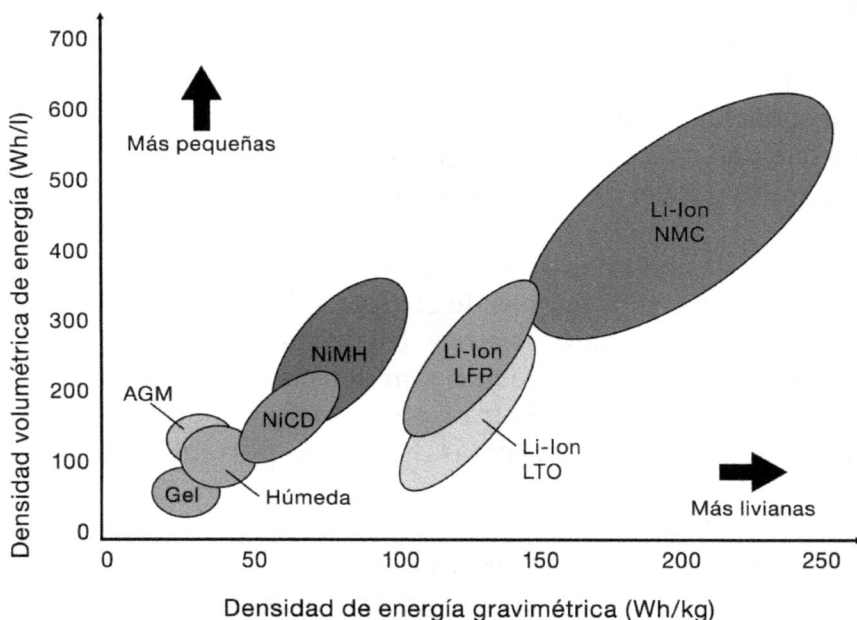

En comparación con las baterías de ácido-plomo, las de ion-litio también son más resistentes al daño de una descarga profunda, no es necesario llevarlas a un estado de carga completo en cada ciclo, funcionan mejor en climas cálidos y duran hasta tres veces más.

Existen muchos tipos de baterías de ion-litio, pero las tres más comunes y relevantes para las instalaciones de energía solar son:
- **LFP**: De litio-ferrofosfato
  - o Usualmente tiene el ciclo de vida más alto

- o La densidad de energía más baja de las baterías de litio debido a su menor voltaje de funcionamiento
- o A veces también incluye manganeso para aumentar el rendimiento
- **NMC**: Níquel manganeso óxido de cobalto
    - o La química preferida para los EV debido a la alta densidad de energía.
    - o Hay muchas combinaciones, como la 811 y 111, que son solo las relaciones de cada uno de los tres materiales. (Por ejemplo, NMC-811 es 80% N, 10% M y 10% C)
    - o Usualmente de alta potencia para descarga y baja resistencia interna
    - o Buen ciclo de vida, pero no tan bueno como el de las de LFP
- **NCA**: Níquel cobalto óxido de aluminio
    - o También populares en EV
    - o El rendimiento más bajo en cuanto al ciclo de vida de las tres en esta lista

Los problemas del cobalto

El cobalto es un metal terrestre raro que solo se encuentra en grandes suministros en algunos lugares del mundo, como China, Zambia, Rusia y Australia, y una importante industria minera se encuentra en una de las regiones más inestables de África, la República Democrática del Congo. (Irónicamente, esto no está muy lejos de donde instalé micro-redes solares con baterías que contenían cobalto).

Históricamente, las brutales condiciones de trabajo en las minas y refinerías de cobalto a pequeña escala se han ignorado para satisfacer la creciente demanda del mercado impulsada por la industria automotriz. Pero muchas compañías automotrices globales se están dando cuenta de que tal vez no deberían colaborar con minas de cobalto con condiciones de trabajo inseguras y trabajo infantil. En 2017, una organización llamada First Cobalt adoptó la Iniciativa de Cobalto Responsable (RCI, por sus siglas en inglés) como parte de una respuesta colectiva a estas inquietudes. El objetivo de la RCI es mejorar estas condiciones en las minas, pero también puede desviar las ganancias de los mineros de pequeña escala.

Muchas compañías solares y de baterías que desean evitar estos minerales conflictivos están simplemente eligiendo baterías de tipo LFP, ya que no contienen minerales conflictivos como el cobalto.

Además de los problemas de abastecimiento de cobalto, estudios científicos independientes han demostrado que las baterías LFP tienen una mejor estabilidad térmica que las baterías NMC. Precisamente, LFP exhibió una mejor respuesta a cada uno de los siguientes modos de falla crítica: (i) cortocircuito; (ii) exceso de descarga; y (iii) sobrecarga. Estos resultados han sido explicados por la diferencia en la estructura química, ya que la estructura olivina de LFP puede atrapar átomos de oxígeno y prevenir reacciones de descomposición exotérmica. La Asociación Nacional de Protección contra Incendios (NFPA, por sus siglas en inglés) concluyó en un informe reciente que "todas las etapas de las pruebas mostraron que los módulos LFP presentaban un riesgo de incendio menor que el NMC".

Con la posibilidad de elegir, es difícil no ver que la LFP es la mejor opción para los sistemas de almacenamiento de energía solar y de baterías. Si una compañía de baterías está utilizando NMC o NCA, es probable que estén reutilizando baterías de otro aparato, como vehículos eléctricos. Las NMC y las NCA son las que tienen densidad de energía más alta, por lo que puede haber algunas ventajas sobre las LFP.

Ciclo de vida de las baterías de ion-litio

La química interna de las baterías de iones de litio les permite durar más que las de ácido-plomo en casi todos los escenarios. Por ejemplo, si se descarga al 50% y luego se recarga al 100% todos los días, entonces una batería de ion-litio durará al menos tres veces más que una batería de ácido-plomo con la misma capacidad.

La mayoría de las baterías Li-ion se pueden descargar hasta un 80% sin que afecte la capacidad de la batería, mientras que las de ácido-plomo, por lo general, no deben descargarse más del 50% de su capacidad. Debido a la diferencia significativa en la profundidad de descarga y el ciclo de vida total, no es del todo justo ni exacto simplemente comparar el costo inicial y la capacidad de los dos tipos de baterías al calcular el valor total.

A diferencia de las de ácido-plomo, las baterías de ion-litio no experimentan una falla repentina, sino que tienen una disminución continua de la capacidad y una mayor resistencia interna.

Temas de seguridad

La fuga térmica ocurre cuando la celda se calienta rápidamente y puede liberar electrolito, llamas y gases peligrosos. Tanto las baterías de plomo como las de iones de litio son capaces de sobrecalentarse y salirse del control térmico, pero es más común con las de ion-litio porque tienen más energía envasada en un volumen más pequeño. Específicamente, el cobalto en los tipos NMC y NCA es particularmente inflamable y no se autoextingue. De todas las baterías a base de litio, las LFP, que no contienen cobalto, tienen menos probabilidades de tener problemas térmicos.

Estudios científicos independientes han demostrado que las baterías de iones de litio LFP tienen una mejor estabilidad térmica que las baterías de iones de litio NMC. La LFP mostró una mejor respuesta al siguiente modo de falla crítica: cortocircuito, sobredescarga y sobrecarga. La Asociación Nacional de Protección contra Incendios (NFPA) concluyó que todas las etapas de las pruebas mostraron que los módulos LFP presentaban un riesgo de incendio menor que el NMC.

La mayoría de las baterías de ion-litio vienen equipadas con un sistema de gestión de baterías (BMS) o algún tipo de equipo de protección integrado en la batería para protegerla de una fuga térmica. El BMS desconectará la carga de la batería cada vez que detecte un problema potencial debido a la temperatura, aumentos de corriente o variaciones de voltaje. Por esto es crucial usar SIEMPRE un BMS u otro circuito de protección con cualquier batería de litio.

Sistema de gestión de batería (BMS)

Las baterías de ion-litio siempre requieren algo de electrónica para proteger las celdas de alto voltaje, alta corriente o de las temperaturas extremas. En muchos casos, un **Sistema de gestión de batería (BMS)** patentado viene con un paquete — o pack— de batería para igualar y proteger las celdas individuales de la batería. Pero también puede construir un paquete de batería ensamblando celdas y agregando un BMS. La mayoría de las baterías que no son de litio no requieren un BMS para un uso seguro. Las baterías de litio son únicas en este aspecto porque pueden incendiarse fácilmente si el voltaje, la corriente máxima o la temperatura de una celda individual no se mantienen bajo control.

Un BMS supervisa cada celda y solo funcionará si cada celda permanece en un rango de voltaje seguro. Algunos piensan erróneamente que pueden garantizar la seguridad simplemente manteniendo el voltaje general por debajo de un límite seguro, ignorando el voltaje individual de la celda. El problema con este enfoque es que asume que todas las celdas están en un equilibrio perfecto. En realidad, todas las celdas de la batería tienen variaciones únicas y rara vez mantienen el mismo voltaje debido a las características internas. Esto hace que las celdas capturen y liberen cantidades variables de energía; en otras palabras, las celdas cambian a otro estado de carga y voltaje específico. Es por esto que cuando una batería se carga y descarga muchas veces, las celdas se pueden desequilibrar.

Por ejemplo, si el voltaje del paquete se mide a 28.8 V para 8 celdas en serie, se podría pensar que todas las celdas están a 3.6 V tomando el promedio del voltaje del paquete por celda.

28.8V / 8 celdas = 3.6 V en promedio por celda

Si las celdas están en perfecto equilibrio, entonces cada celda estaría a 3.6V. Pero no todas las celdas funcionan igual. Cada celda de batería (litio, ácido-plomo, etc) es un copo de nieve único. Su capacidad, características de resistencia y patrones de envejecimiento son ligeramente diferentes.

La magia de un BMS es que puede ayudar con estas variaciones entre las celdas. Puede reequilibrar o descargar activamente las celdas más altas para que el voltaje promedio de las celdas y los voltajes de cada celda individual sean similares. También puede desconectar la base si alguna celda entra en una condición insegura.

En el ejemplo anterior, con un voltaje de instalación de 28.8 V, sin un BMS no hay manera de saber si alguna celda ha alcanzado su límite de voltaje máximo. A continuación se muestra un ejemplo de dos paquetes de batería con el mismo voltaje de paquete pero con voltajes de celda muy diferentes. Sin un BMS, no hay manera de evitar que la celda #5 se sobrecargue.

EJEMPLO DE DOS PAQUETES DIFERENTES CON EL MISMO VOLTAJE DE PAQUETE

	Paquete fuera de balance (V)	Paquete perfectamente balanceado (V)
Celda 1	3.60	3.60
Celda 2	3.53	3.60
Celda 3	3.57	3.60
Celda 4	3.50	3.60
Celda 5	**4.03**	3.60
Celda 6	3.49	3.60
Celda 7	3.54	3.60
Celda 8	3.54	3.60
Voltaje del paquete	28.80	28.80

Algunas personas recomiendan administrar el voltaje máximo en una celda al "equilibrar al máximo" cada celda antes de ensamblar el paquete. Esto se refiere a cargar manualmente todas las celdas hasta un voltaje máximo para que todas coincidan. Después de que "equilibran al máximo" las celdas, solo supervisan el voltaje del paquete. No consideran que, con el tiempo, todas las celdas se desnivelarán naturalmente entre sí y los voltajes de las celdas eventualmente no coincidirán en carga. Es posible monitorear siempre y equilibrar manualmente las celdas en un paquete, pero por un error o por olvidar revisar con suficiente frecuencia, podría haber consecuencias desastrosas. Es mejor dejar esta tarea mundana a un BMS. Como describí anteriormente, la medición exclusiva del voltaje del paquete es una práctica peligrosa, ya que el equilibrar al máximo solo *reduce* pero no elimina la posibilidad de fuga térmica.

Funciones de un BMS

Un BMS tiene sensores de voltaje, corriente y temperatura
para medir muchos parámetros de la batería y así determinar
el estado de carga (SOC, por sus siglas en inglés) y el estado
de salud (SOH, por sus siglas en inglés). Medirá y algunas
veces registrará lo siguiente:

- **Voltaje**: Voltaje por celda, máximo y mínimo, y voltaje
de paquete
- **Corriente**: El amperaje que entra y sale de la batería,
valor pico de la corriente y la corriente pulsatoria
máxima
- **Temperatura**: al menos un sensor de temperatura cerca
de la parte de la batería que se calienta más

La profundidad de descarga (DOD) es el porcentaje de
energía utilizada en comparación con su capacidad original y
es el reverso del estado de carga. El **Estado de Carga (SOC)** es
el porcentaje estimado de energía actualmente disponible en la
batería, similar a un indicador de tanque de gasolina en un
automóvil. Un 10% de SOC es lo mismo que un 90% de DOD.
Un BMS medirá el voltaje para cada celda y también medirá la
corriente que entra y sale de la batería. Ejecutará un cálculo
para estimar el SOC. Debido a que esto es solo una estimación,
el BMS puede recalcular ("saltar") a un nivel de SOC
sustancialmente diferente dependiendo de los datos que
ingresan.

El **estado de salud (SOH)** es la relación de la capacidad actual
de la batería en comparación con su capacidad original. Un
100% de SOH significa que la batería funciona como nueva,
mientras que al 70-80% de SOH, los fabricantes generalmente
recomiendan retirarla y reemplazarla. La capacidad de la
batería generalmente disminuye de manera lineal con el uso y
el tiempo, por lo que después de algunos años de uso normal,
se puede predecir cuándo será el momento de reemplazar las
baterías en función del SOH. El SOH para la mayoría de las

baterías cae linealmente durante la mitad de su vida útil diseñada y luego puede caer rápida y dramáticamente. Algunas celdas de iones de litio comenzarán a caer tan pronto como a los 500 ciclos, pero por lo general duran al menos 2000 ciclos antes de que esto suceda, mientras que otras químicas de ion-litio no caen drásticamente sino hasta los 10 000 ciclos. Puede ser difícil estimar cuándo ocurrirá esta caída, ya que depende de muchas variables. Yo recomiendo ser cauteloso con lo que publicitan los fabricantes de baterías y considerar la descripción de la placa de identificación más bien como el mejor escenario. Revise los detalles de la garantía ya que este es un mejor método para estimar la vida útil de la batería.

Comunicación del sistema

Antes de comprar cualquier equipo de batería, confirme que el fabricante haya aprobado la compatibilidad con otros componentes de su sistema. Muchos BMS requieren una señal de activación para operar la batería, así que asegúrese de que su BMS o batería sea capaz de operar e interactuar con los demás componentes. La comunicación entre el BMS y otros equipos, como un controlador de carga o un inversor, puede ser complicada ya que muchos fabricantes no se han tomado el tiempo para probar sus equipos con los de otros, ni han creado una plataforma de comunicación común. CANBUS y MODBUS son lenguajes de comunicación utilizados por muchos equipos eléctricos, pero el mismo idioma no garantiza que dos dispositivos puedan comunicarse entre sí. Puede crear su propia interfaz que haga ping a todos sus equipos y extraiga datos, pero eso requiere escritura de código.

Si elige usar una batería de iones de litio, asegúrese de que el controlador de carga tenga una línea de comunicación que pueda hacer que el BMS se vuelva a conectar con la batería después de que ocurra un evento de desconexión. Por ejemplo, si el SOC cae por debajo de cierto umbral, el BMS se desconectará de la carga para proteger la batería. Esto podría confundir al controlador de carga al pensar que la batería se retiró del sistema o que se quemó un fusible, lo que significa que ya no enviará energía solar para recargar la batería.

PCM/PCB (módulo o placa de circuito de protección)

Una versión más simple de un BMS sería un PCM o PCB (módulo o placa de circuito de protección). Un PCM es un dispositivo analógico que no almacena ni proporciona ningún dato. Su único propósito es proteger las celdas de la batería sin ninguna información sobre el sistema. Pueden ser significativamente más baratos y, a menudo, se integran en las baterías de litio. Si se detecta alto/bajo voltaje, alta/baja corriente o altas/bajas temperaturas, el PCM/PCB desconectará la batería de la carga. Si tiene un PCM/PCB, no necesita un BMS.

La mayor desventaja con los PCM es que no se puede determinar con precisión el SOC. Además, si el PCM determina una condición insegura, se desconectará sin darle ninguna indicación de por qué. La mayoría de los PCM son baratos y, por lo general, de baja calidad. Son muy fáciles de romper durante el montaje porque la electrónica es muy sensible. Usar un PCM puede ser una solución rentable, pero tenga en cuenta estas desventajas cuando construya su sistema de baterías. Si decide construir un pack con un PCM, considere que romperá algunos y compre unos extras para como respaldo.

Componentes del BMS

Un BMS o un PCM deben poder desconectar la batería durante un evento potencialmente inseguro, como un cortocircuito. Pueden usar un interruptor controlado eléctricamente para desconectar la batería del sistema si detectan una condición que no es segura. Esta colección de componentes que acompañan al BMS puede consistir de contactores, relés, fusibles, derivaciones —o *shunts* por su término en inglés—, barras de distribución y conectores.

Los contactores, los relés y los transistores de efecto de campo (FET) son los interruptores controlados eléctricamente que los dispositivos BMS y PCM utilizan para desconectar el circuito. Un **contactor** generalmente se usa cuando se desconecta un circuito de más de 100 A pero, para corrientes más bajas, se pueden usar relés y FET. Los **relés** son básicamente contactores más pequeños y funcionan de manera muy similar. Los **FET** (transistores de efecto de campo) tales como los **MOSFET** son componentes en una placa de circuito que también tienen cierta resistencia inherente, por lo que con una corriente elevada pueden generar una gran cantidad de pérdida de calor y energía. Los contactores y relés son generalmente más seguros que los FET en sus modos de falla, por lo que a menudo los FET se utilizan como circuito de señal para controlar los contactores o relés. Estos ejemplos anteriores tienen dos conexiones de circuito, un circuito de bajo voltaje que sirve como un canal de señalización que el BMS o el PCM usa para mantener la desconexión abierta o cerrada, y un circuito de alta potencia que sirve como el interruptor principal de alta potencia.

DIAGRAMA BÁSICO DE UN RELÉ

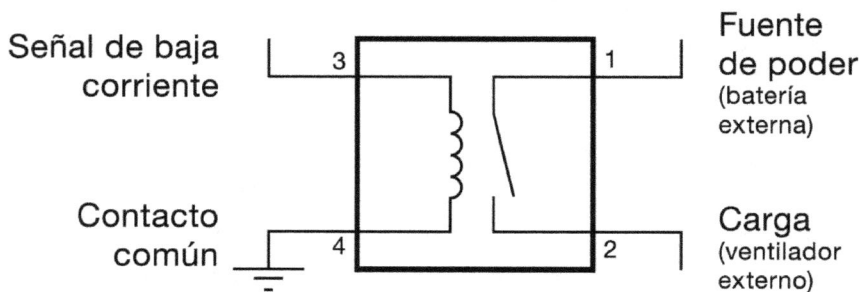

Señal de baja corriente — 3

Fuente de poder (batería externa) — 1

Contacto común — 4

Carga (ventilador externo) — 2

Estos dispositivos no deben desconectarse durante una gran carga, de lo contrario podrían funcionar mal. Idealmente, el controlador de carga disminuirá la carga antes de desconectarse del sistema. Sin embargo, es posible desconectar una conexión de alta potencia que está bajo carga si el controlador de carga no responde correctamente. Pero existe el peligro de que el interruptor destinado a desconectar la batería pueda fusionar las superficies de desconexión cuando el interruptor se está alejando de la conexión. Como se puede imaginar, cuando una gran cantidad de energía fluye a través de un circuito y el interruptor está desconectado físicamente, las dos superficies, a solo nanómetros de distancia, aún pueden tener electrones saltando entre ellos. Esto puede hacer que las dos superficies se suelden entre sí (así es exactamente cómo funciona una máquina de soldadura). Es importante utilizar una desconexión adecuada que esté calificada para la corriente del peor caso de su sistema; se puede usar un fusible adicional para interrumpir la corriente de cortocircuito

Cuando un BMS mide el estado de carga (SOC), puede medir los voltajes de la celda y los voltajes del paquete, pero esto puede ser una lectura engañosa ya que el voltaje puede cambiar significativamente cuando se encuentra bajo carga. Una mejor manera de medir el SOC en una batería es medir el flujo de corriente que entra o sale de la batería y compararla con su capacidad. Hay dos dispositivos que pueden medir la corriente: una derivación o circuito derivado y un transductor de corriente.

Una **derivación** está calibrada para permitir que la corriente fluya a través de una resistencia predefinida, y un BMS puede medir cada lado de la derivación para determinar el flujo de corriente en ambas direcciones utilizando la Ley de Ohm. Un **transductor de corriente**, comúnmente llamado **CT**, mide el campo magnético alrededor del cable de la batería para estimar la corriente que entra y sale de la batería. El CT es un sensor con forma de anillo que se engancha alrededor del cable de la batería; no interrumpe el circuito ya que mide indirectamente el flujo de corriente. Un CT no es tan preciso como una derivación, pero suele ser menos costoso y más fácil de instalar. Debido a que una derivación está diseñada para que la corriente de la batería fluya a través de ella, puede medir con mayor precisión la corriente en comparación con un CT, lo que lleva a un valor SOC más preciso. Un BMS especificará qué dispositivo de medición de corriente se requiere, porque estos dispositivos deben calibrarse correctamente para que sean efectivos. Ambos dispositivos requieren cálculos de software que solo pueden ser realizados por un BMS o el PCM más avanzado. El PCM más económico sin software no puede medir el flujo de corriente y solo puede usar el voltaje para determinar el SOC.

En algunos sistemas de almacenamiento de energía, el inversor y la potencia de los dispositivos electrónicos tienen un gran banco de condensadores que se utilizan para filtrar o amortiguar el flujo de corriente a través del sistema. El llenado repentino de todos esos condensadores cuando el sistema se enciende por primera vez y las baterías están conectadas puede provocar un aumento perjudicial de la corriente a través de la batería. Esto puede suceder en nanosegundos y un humano no puede percibir este proceso. Esta repentina oleada de energía actúa como un cortocircuito en las baterías y el BMS podría desconectar la batería como un mecanismo de seguridad o podría fundirse el fusible. Para evitar este aumento de potencia repentino, se puede usar un **circuito de precarga** para proporcionar cierta resistencia y hacer que los condensadores se carguen más lentamente sin causar ningún problema a la batería. Es importante usar un fusible de tamaño correcto que coincida con la capacitancia del equipo conectado. Hable con su proveedor de BMS para determinar si la resistencia de precarga es adecuada para su sistema.

Un circuito de precarga podría estar en la batería o en el inversor. Consiste en una resistencia y un interruptor, como un contactor, relé o FET y es una ruta paralela a la conexión principal. El circuito de precarga se conectará cuando el interruptor principal se desconecte y luego se desconectará después de que el interruptor principal se conecte. Todo esto puede suceder en menos de un segundo y debe ser controlado por el BMS o el inversor. Vea el ejemplo en la siguiente figura.

EJEMPLO DE CIRCUITO DE PRECARGA

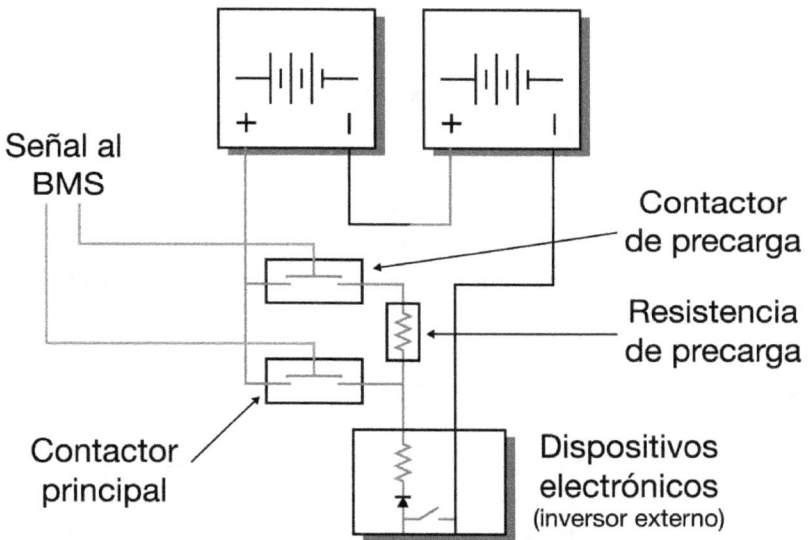

Baterías recicladas

Construir una batería con celdas usadas requiere un gran conocimiento de baterías y electricidad y solo lo recomiendo a expertos. He visto a muchas personas en Internet reusando baterías viejas de computadoras portátiles y baterías de vehículos eléctricos. Esta es una excelente manera de adquirir baterías de alta calidad a bajo costo, pero requiere mucho trabajo desmontarlas, probarlas y clasificarlas. Creo que esto se convertirá en un método común en el futuro porque una batería que no funciona bien para un vehículo eléctrico podría ser una buena opción para un sistema de almacenamiento de energía en batería (BESS), ya que las tasas de carga y descarga son mucho más bajas en un BESS que en un EV. Normalmente, un BESS utiliza una potencia mucho menor en comparación con un EV que necesita acelerar rápidamente. Al construir un paquete de baterías recicladas, asegúrese de que la capacidad sea lo suficientemente grande como para que la descarga demore muchas horas; idealmente, tardaría entre dos y cuatro horas en descargarse incluso a plena potencia.

Cuando las baterías envejecen, su resistencia interna aumenta, lo que significa que la energía efectiva disponible disminuirá con el tiempo. Esto se debe a que cuando está bajo carga, una resistencia más alta resultará en una caída de voltaje más significativa. Si el voltaje cae demasiado, entonces el sistema pierde potencia. Se puede imaginar esto como una tubería obstruida donde la parte estrecha de la tubería permite menos flujo que antes hasta que la entrada de flujo excede su capacidad y la tubería se atasca.

La construcción de un paquete de baterías de litio a partir de celdas usadas es una excelente manera de ahorrar dinero y obtener más vida de algo que de lo contrario se descartaría. No subestime lo útil que puede ser un BMS para monitorear y proteger ante una condición insegura, especialmente cuando se usan celdas recicladas. Tenga en cuenta que dado que la configuración incorrecta de un BMS no protegerá su batería de una fuga térmica, debe comunicarse con un experto para asegurarse de que el BMS esté configurado correctamente para proteger las celdas específicas que está utilizando. Una vez que construya su sistema, debe probar si su BMS funciona como lo configuró. Por ejemplo, podría obtener una fuente de alimentación de CC variable y simular un evento de alto voltaje para ver si el BMS realmente desconecta los terminales del paquete. También puede soplar aire caliente sobre los sensores de temperatura para ver si un evento de alta temperatura hará que el BMS desconecte los terminales de la unidad.

Como mencioné anteriormente, cada celda de batería es tan única como un copo de nieve, con variaciones microscópicas en el cátodo y ánodo, que dan como resultado ligeras variaciones funcionales. Cuando los fabricantes construyen nuevos paquetes, califican y clasifican las celdas para que los paquetes tengan características casi idénticas. Consideran la capacidad de energía, la impedancia interna y la fecha de fabricación. Cuando esté construyendo su paquete a partir de celdas usadas, le recomiendo hacer lo mismo. Si desea construir un paquete de 16 celdas, debe comprar más de 16 celdas y elegir cuidadosamente para combinar las mejores. Si utiliza un BMS de buena calidad, puede gestionar las variaciones y rebalancear el paquete después de cada ciclo.

Consideraciones sobre el tipo de batería

Baterías húmedas de ácido-plomo vs. VRLA vs. Ion-litio

El costo inicial de las baterías de ion-litio es significativamente mayor al de las baterías de ácido-plomo, pero el costo total del ciclo de vida es comparable y, a veces, mejor que las baterías húmedas de ácido-plomo. Vea los gráficos a continuación.

COSTO INICIAL POR CAPACIDAD DE LA BATERÍA

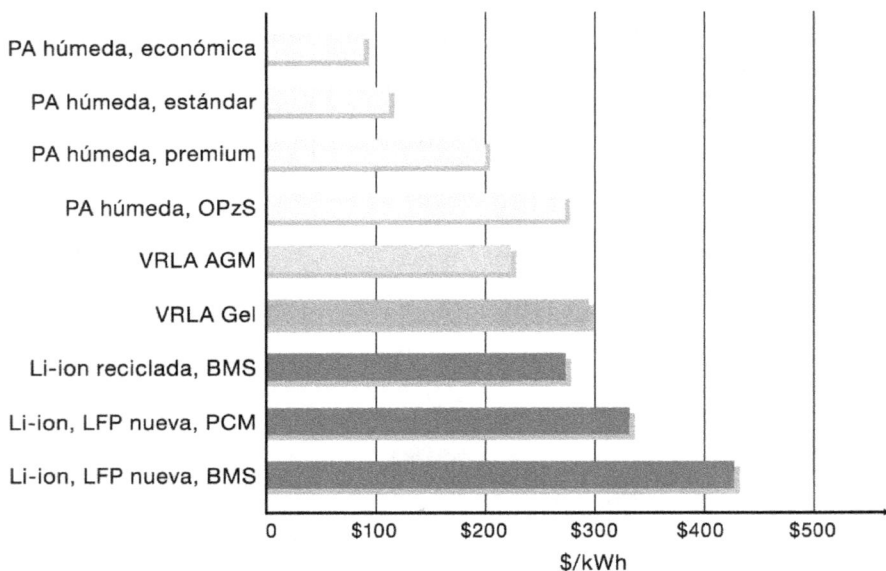

El gráfico de **costo inicial por capacidad de la batería** incorpora:

- El costo inicial de la batería.
- La capacidad total por 20 horas.
- Nota:
  - El paquete de iones de litio incluye BMS o PCM y otros equipos para que pueda compararse de forma justa con las baterías de ácido-plomo

- o Las de Li-ion recicladas suponen el uso de baterías viejas de EV

COSTO TOTAL DE CICLO DE VIDA

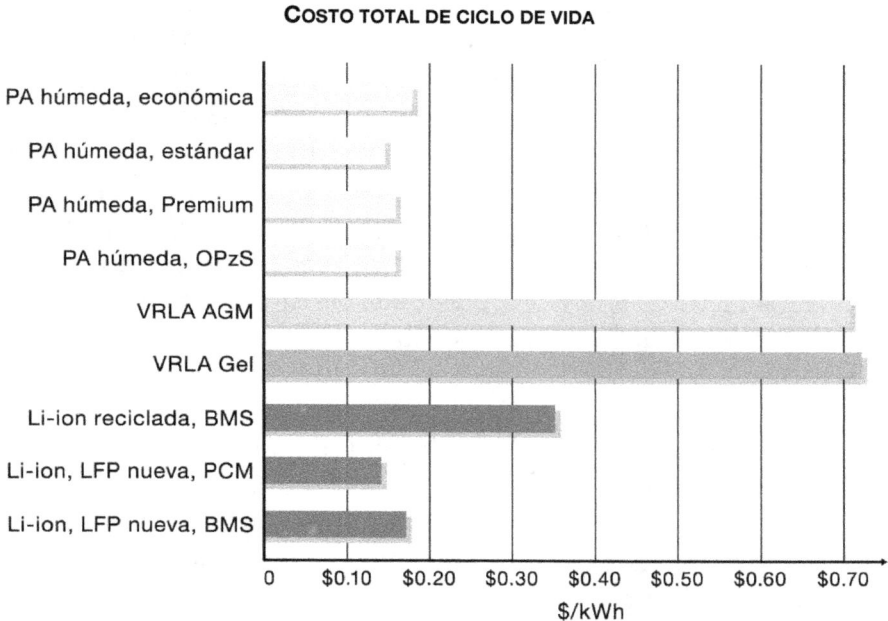

El gráfico del **costo total del ciclo de vida** incorpora los detalles del gráfico anterior, pero también incluye:
- La profundidad de descarga (DOD) representativa basada en el recuento de ciclos dados
- La eficiencia de ida y vuelta durante un ciclo.
- El número de ciclos hasta alcanzar el límite estándar de finalización de la vida del 80% de estado de salud (SOH)
  - o Para las Li-ion recicladas, se asumieron 1000 ciclos hasta que la batería fue retirada.

Cada gráfico puede llevar a una persona a sacar conclusiones completamente distintas. El costo inicial de una batería es importante a la hora de presupuestar el sistema, pero puede resultar limitado enfocarse solo en mantener el costo inicial bajo cuando la batería más cara puede ahorrar dinero o problemas a largo plazo.

Las baterías húmedas tienen el menor costo del ciclo de vida, pero eso es asumiendo que se mantienen adecuadamente y no se abusa de ellas. Esto es asumiendo el mejor de los escenarios. Si se descargan con frecuencia a más del 50% o si se descuida el mantenimiento, no durarán tanto, lo que aumentará el costo de su ciclo de vida. Por lo tanto, si el bajo mantenimiento es importante, las baterías selladas de ácido-plomo o de ion-litio resultan más efectivas. Al considerar todos los factores anteriores, las baterías de ion-litio se vuelven más atractivas para un sistema de energía solar aislado.

Al comparar las baterías de ácido-plomo con las de ion-litio, considere el costo de reemplazo de las baterías de ácido-plomo y cómo reciclarlas adecuadamente. En una ubicación remota, podría ser excesivamente costoso reemplazar las baterías de ácido-plomo cada 3-4 años. Además, las baterías de ácido-plomo pueden ser recicladas, pero en algunos lugares puede ser muy difícil deshacerse de ellas adecuadamente.

BATERÍAS HÚMEDAS DE ÁCIDO-PLOMO VS. VRLA VS. ION DE LITIO

	Baterías húmedas de ácido-plomo	VRLA AGM	Ion de litio
Costo inicial por capacidad ($/kWh)	85 - 280	200-240	300 - 1000
Costo por Ciclo de Vida ($/kWh)	$0.17 – 0.25	$0.65 – 0.75	$0.15 – 0.35
Densidad de energía (Wh/kg)	30	40	120 - 150
Mantenimiento regular	Sí	No	No
Número de ciclos hasta 80% SOH	200 – 2500	200 – 650	1000 – 4000
Profundidad de descarga (DOD) habitual	50%	50%	80%
Sensibilidad a altas temperaturas	Se deteriora por encima de 25°C	Se deteriora por encima de 25°C	Se deteriora por encima de 45°C
Potencia disponible Corriente constante	0.2C	0.3C	1C
Tiempo de carga rápida (horas)	8 – 16	4 – 8	1 – 4

La información anterior se recopila a partir de mi investigación de fabricantes específicos de baterías y de la Battery University.

Conexiones en serie vs. paralelo

Al conectar varias baterías, tiene dos opciones: conectarlas en serie o en paralelo. Lo mismo ocurre con la conexión de muchos módulos solares. Puede obtener el doble de energía cuando conecta dos baterías juntas, pero ¿qué pasa con el voltaje y la corriente? ¿Cuál es el voltaje y cuál es la corriente de dos baterías conectadas entre sí?

Normalmente, las baterías de iones de litio ya vienen en un paquete con el voltaje deseado, por lo que solo las conectará en paralelo. Sin embargo, las baterías de ácido-plomo están diseñadas para ser conectadas en serie y en paralelo, de modo que puede diseñar el sistema según sus propias especificaciones.

Cuando conecta el cable positivo de una batería al cable negativo de otra batería, los conecta en **serie**. *Las conexiones en serie duplican el voltaje, pero el amperaje permanece igual.* Alternativamente, cuando conecta las baterías en **paralelo** está conectando tanto los cables positivos como los negativos juntos. *Las conexiones paralelas duplican el amperaje, pero el voltaje permanece igual.* Tenga en cuenta que las conexiones en paralelo requieren un dispositivo de conexión en paralelo, como un terminal de conexión de entrada múltiple, una caja combinadora o adaptadores en Y. Las conexiones en serie suelen ser una conexión macho a hembra y no necesitan ningún terminal de conexión.

El ejemplo de la página siguiente muestra dos baterías y un controlador de carga. Si los conecta en serie, obtiene el doble de voltaje, pero si los conecta en paralelo, obtiene el doble del amperaje. De cualquier manera, contará con 1200 vatios-hora.

MÉTODO DE CONEXIÓN DE BATERÍAS EN SERIE VS. PARALELO

**CONEXIÓN
EN SERIE**

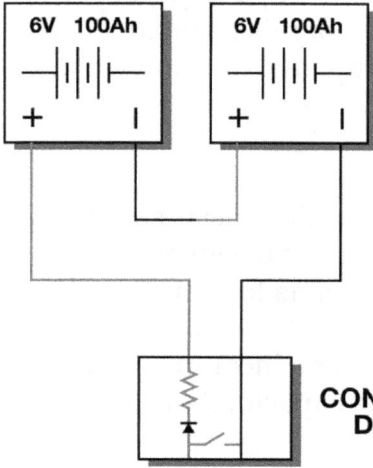

6V 100Ah	6V 100Ah
+ —	+ —

**CONEXIÓN
EN PARALELO**

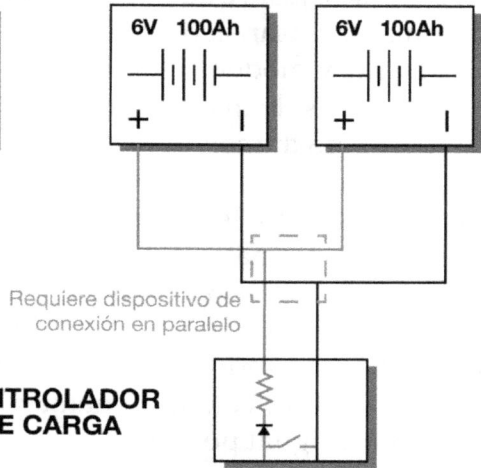

6V 100Ah	6V 100Ah
+ —	+ —

Requiere dispositivo de
conexión en paralelo

**CONTROLADOR
DE CARGA**

V 12 V
Ah 100 Ah
Wh 1200 Wh

V 6 V
Ah 200 Ah
Wh 1200 Wh

Conectar las baterías de bajo voltaje en serie para sumar el voltaje deseado del sistema suele ser mejor que conectar las baterías de alto voltaje en paralelo para que coincidan con el voltaje del sistema. El número de cadenas de baterías de ácido-plomo conectadas en paralelo debe mantenerse en un mínimo y rara vez exceder las 3 conexiones paralelas. Esto evita la carga desigual entre series de baterías y pondrá menos tensión en las baterías. Las baterías de ion-litio suelen tener un BMS que permite conectar muchas baterías en paralelo.

Incompatibilidad de la batería

La conexión de las baterías no compatibles puede ser muy peligrosa y podría iniciar un incendio.

Es importante permitir que todas las baterías en el mismo circuito se carguen y descarguen por igual. Para evitar un posible desajuste que podría crear una carga desigual, se recomienda usar siempre baterías de la misma edad, el mismo fabricante y modelo, y la misma temperatura. También debe usar baterías de mayor capacidad (y por lo tanto de menor voltaje) para aumentar el tamaño del sistema.

Dado que los cables a menudo tienen diferencias sutiles que pueden crear una acumulación de cargas desiguales, las baterías en paralelo deben tener la misma longitud de conductor, calibre y tipo de cable. Si las baterías están conectadas en serie, no se producirá una incompatibilidad debido a que el voltaje aumenta y la capacidad de la batería permanece igual por batería.

Vida útil de la batería

Hay una variedad de factores que reducirán la vida útil esperada de una batería y cada tipo de batería tiene sus propias debilidades. En las siguientes secciones daré más detalles sobre **la profundidad de descarga**, **la tasa de descarga** y **el estado de carga**. El primer paso es saber qué dañará a las baterías. La mayoría de las baterías de ácido-plomo, por ejemplo, se dañan si se descargan por debajo del 40% de su estado de carga. Cuando describo que una batería se está "dañando", describo específicamente una disminución en el estado de salud de la batería (SOH), lo que significa que la capacidad total de la batería ha disminuido. Un 100% de SOH significa que la batería está funcionando con un SOH completo según lo previsto por el fabricante y un 80% de SOH es cuando los fabricantes generalmente recomiendan retirar una batería.

Una forma útil de pensar en cargar y descargar una batería es imaginarla como un globo. Si infla repetidamente un globo hasta su capacidad máxima y luego lo desinfla completamente, el material del globo podría desgastarse debido a la tensión excesiva. Ahora imagine que infla y desinfla otro globo repetidamente pero del 50% al 90% de su capacidad, el material experimentará menos tensión y durará más que el primer globo. Las placas dentro de la batería sufren una tensión comparable a la del material del globo. En este ejemplo, las baterías de iones de litio están hechas de un material de globo mejor y más fuerte en comparación con el de las de ácido-plomo.

Cuando compre nuevas baterías de ácido-plomo, cómprelas justo antes de instalarlas o asegúrese de que no se queden más de unos pocos meses sin una carga completa. Si las compra con anticipación, asegúrese de no dejar que se calienten demasiado. Se recomienda cargar lentamente las baterías de ácido-plomo antes de ponerlas en uso. También tenga en cuenta que algunas de las nuevas baterías de ácido-plomo no alcanzarán su capacidad total hasta que hayan completado hasta 30 veces el ciclo. Durante las primeras semanas, es probable que una batería funcione de 5% a 10% por debajo de su capacidad nominal.

A continuación hay una tabla que muestra el intervalo de tiempo esperado para las baterías utilizadas para un sistema fotovoltaico aislado. Se enumera como un rango porque hay muchas variables que afectarán la vida útil, como la velocidad y la profundidad de los ciclos de carga y recarga. Utilice esta tabla como una guía general, ya que hay una gran diferencia de vida útil dependiendo de cómo se use la batería. Explicaré por qué hay una fluctuación tan grande en la vida útil en las siguientes secciones.

VIDA ÚTIL ESPERADA SEGÚN TIPO DE BATERÍA

Categoría	Tipo	Vida útil
ácido-plomo (sellada)	De arranque (batería de auto)	3-12 meses
	Ciclo profundo de gel	2-5 años
	AGM ciclo profundo	2-8 años
ácido-plomo (húmeda)	Ciclo profundo de baja calidad	2-7 años
	Ciclo profundo Premium	7-15 años
	Placa tubular de ciclo profundo	10-20 años
Otro	NiCd (Níquel-Cadmio)	1-20 años
	Li-ion (ion de litio)	5-15 años
	NiFe (Níquel-Hierro)	5-35 años

Efectos negativos de las temperaturas extremas

En temperaturas altas, las baterías de ion-litio tienden a funcionar mejor que las de ácido-plomo. En climas cálidos, donde la temperatura promedio suele alcanzar los 30°C o más, el ciclo de vida de las baterías de ácido-plomo desciende en aproximadamente 50% en comparación con su ciclo de vida a 22°C. Sin embargo, las de ion-litio no decaen hasta que las temperaturas superan los 45°C.

En climas muy fríos el electrolito de las baterías de ácido-plomo es más probable que se congele a mayor profundidad de descarga, pero funcionará correctamente si la descarga se mantiene al mínimo.
Por debajo de las temperaturas de congelación de 0°C, las baterías de ion-litio se pueden cargar muy lentamente pero debe ser capaces de descargarse.

La siguiente gráfica muestra un ejemplo de cómo funcionarán los diferentes tipos de baterías en temperaturas altas y bajas. En el rango de rendimiento "Pico" puede esperar que la batería funcione como se describe en la hoja de datos; en el rango de rendimiento "Bajo" la batería funcionará pero con una eficiencia reducida con respecto al "Pico". No se recomienda utilizar su batería en el rango "Fuera de especificación", especialmente en el rango de alta temperatura, ya que se aproxima peligrosamente a temperaturas de fuga térmica. Esto es solo un ejemplo; siempre siga los requisitos de la hoja de datos de la batería.

RENDIMIENTO DE LA BATERÍA DEPENDIENDO DE LA TEMPERATURA

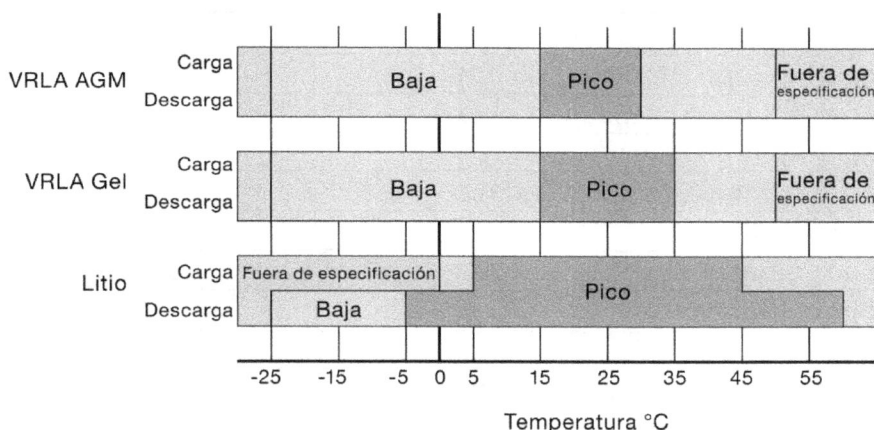

Relación entre la tasa de descarga y la profundidad de descarga

El ritmo (o la velocidad) a la que se carga o descarga una batería está relacionada con la capacidad. Cuanto más rápido se descargue una batería, menor será su capacidad de uso. Esto se llama **efecto de Peukert**, en la que la resistencia interna de la batería aumenta a medida que se descarga más rápido.

La extensión del efecto de Peukert es diferente para cada tipo de batería, pero aumentará con la antigüedad de cualquier batería. Las baterías húmedas de ácido-plomo suelen tener más resistencia interna en comparación con las de ácido-plomo selladas, mientras que las baterías de iones de litio tienen una resistencia interna baja hasta que envejecen. A continuación se muestra una tabla que expone el cambio en la capacidad cuando se mide a una descarga de 20 horas y de 8 horas en baterías de químicas diferentes.

REDUCCIÓN PORCENTUAL DE LA CAPACIDAD EN UN RANGO DE 20 A 8 HORAS

Tipo de Batería	
ácido-plomo (húmeda, plana)	18%
ácido-plomo (húmeda, tubular)	14%
ácido-plomo (sellada AGM)	7%
ácido-plomo (de gel sellada)	9%
Ion de litio	1%
Sodio-ion	31%
Níquel-hierro	10%

Debido a que la capacidad de la misma batería de ácido-plomo puede variar hasta en un 35%, la velocidad a la que se descarga o carga es una consideración importante al comparar baterías de ácido-plomo. Cuando mire la capacidad, asegúrese de compararlas al mismo ritmo de descarga.

Es posible que note que las hojas de especificaciones de la batería tienen listados de diferentes capacidades para la misma batería, o que note una capacidad indicada junto con un número horas (algo así como 250AH en un rango de 100 horas). Por lo general, los fabricantes de baterías enumeran el período de tiempo en el que se descarga. Siempre compare las baterías con la misma velocidad de descarga para que una no parezca mejor de lo que realmente es.

A continuación se muestra una tabla con los detalles de una hoja de especificaciones de una batería con su valor de amphora a diferentes velocidades:

CAPACIDADES DE AMPERIOS/HORA DE PRODUCTOS EXISTENTES

Categoría de la batería	Tipo de Batería	Capacidad de amp/hora		
		Rango de 100 horas	Rango de 20 horas	Rango de 8 horas
ácido-plomo (húmeda, plana)	Trojan 6V T-105	250	225	200
	Batería estadounidense 6V 2200 XC2	280	232	196
	Surrette 6V S-460 (L-16)	466	350	280
ácido-plomo (húmeda, tubular)	Victron OPzS Solar 910	901	701	602
ácido-plomo (AGM sellada)	Concorde 6V PVX-3050T	355	300	280
ácido-plomo (De gel sellada)	MK 6V 8GGC2 GEL	198	180	165

Profundidad de descarga

La vida útil de las baterías de ácido-plomo se ve afectada en gran medida por la profundidad de descarga; es decir, cuánta capacidad de la batería se utiliza a diario. Por ejemplo, si una batería completamente cargada descarga la mitad de su capacidad nominal, tendría una profundidad de carga del 50%. Si la profundidad de descarga se reduce al mínimo, la batería podrá realizar más ciclos de carga/descarga.

La gráfica en la página siguiente muestra la relación inversa entre el ciclo de vida y la profundidad de descarga e ilustra cómo los promedios de ciclos esperados disminuyen exponencialmente a medida que aumentan las profundidades de descarga. Como guía general, diseñe sus sistemas de baterías de ácido-plomo para que tengan una profundidad de carga del 50% con un máximo absoluto del 80% en los peores casos. En climas muy fríos, esto es aún más importante ya que cuanto más profunda es la descarga, más probable es que la batería se congele. Las baterías de ion-litio también se ven afectadas negativamente por la profundidad de descarga extrema, pero los efectos son menos dañinos para la salud de la batería a largo plazo en comparación con sus contrapartes de ácido-plomo.

DOD VS. CICLO DE VIDA PARA UNA BATERÍA DE ÁCIDO-PLOMO

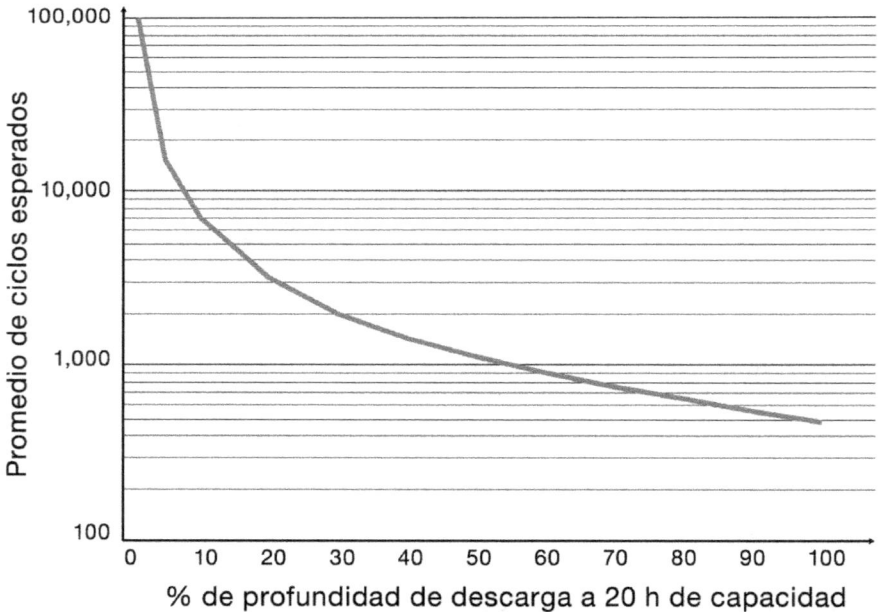

% de profundidad de descarga a 20 h de capacidad

Tasa de carga/descarga

A veces, el rango por hora de una batería se describe como la tasa de carga (C o Tasa-C). La **Tasa-C** se relaciona con la rapidez o la lentitud con que la batería se carga o descarga en relación con su capacidad máxima. La carga o descarga rápida de una batería puede dañar la batería o crear condiciones de riesgo en el resto del sistema de energía.

Tasa-C	Tiempo
5C	12 min
3C	20 min
1C	1 hora
C/2	2 horas
C/5	5 horas
C/8	8 horas
C/10	10 horas

Una tasa de 1C significa que una batería se descargará completamente en una hora. Por lo tanto, una batería con una capacidad nominal de 10 amperios-hora a 1C descarga 10 amperios por hora. Un rango de 3C descargaría la misma batería a 30 amperios durante un poco menos de 20 minutos. Además, una tasa de C/2 se descargaría a 5 amperios durante un poco más de 2 horas. La Tasa-C se puede escribir como una fracción o un decimal, por ejemplo, C/2 es igual a 0.5C.

En el caso de las baterías húmedas de ácido-plomo, la tasa de carga más rápida normalmente debería ser C/8 durante cualquier período de tiempo prolongado, por lo que para una batería de 100Ah usted querrá diseñar su sistema para que se cargue o descargue a no más de 12.5A. Si carga o descarga más rápido que eso, la batería puede sobrecalentarse, perder parte de su líquido o comenzar a burbujear. Algunos fabricantes permiten una tasa de carga máxima más alta de aproximadamente C/3, pero estas baterías aún son susceptibles de dañarse y necesitarán más mantenimiento y supervisión.

Estado de carga

El **estado de carga** (SOC) es una medida de la capacidad disponible de la batería en comparación con su capacidad total y se expresa como un porcentaje similar al indicador de combustible en un automóvil. A diferencia del tanque de combustible de un automóvil, usted no quiere acercarse a casi vacío, especialmente con baterías de ácido-plomo.

Medir el SOC con precisión puede ser un reto. La mejor manera de verificar el SOC es usar un medidor de amperios/hora o medidor de energía que mida la corriente que entra o sale de la batería. También puede medir el voltaje o la gravedad específica para aproximarse al estado de carga, pero ambos métodos pueden ser inexactos. La verificación de la gravedad específica solo es posible para las baterías húmedas, y es poco conveniente, ya que necesita abrir y eliminar parte del líquido de cada celda de cada batería. El voltaje de una batería caerá cuando haya una carga sobre ella, por lo que, para medir el SOC, la batería no debe tener carga durante al menos 6 horas para obtener una medición precisa de un multímetro.

A continuación hay una tabla que muestra un ejemplo del estado de carga con cuatro zonas para baterías húmedas de ácido-plomo. Es mejor permanecer en la zona buena y rara vez sumergirse en la zona insegura. Como mínimo, una batería de ácido-plomo debe alcanzar el 100% de SOC cada cuatro días para prolongar su vida útil. Si la batería se descarga a menos del 40% con demasiada frecuencia, reducirá significativamente su vida útil.

Por ejemplo, una batería húmeda de plomo ácido de 12V nominales leerá 12,7V con una carga del 100%, 12,0V con una carga del 50% y 10,5V con una carga del 0%. Este es el rango en el que puede funcionar la batería, pero, si desea extender su vida útil, solo debe dejar que el voltaje caiga por debajo de 2 voltios por celda (VPC) en raras ocasiones.

EJEMPLO DE ESTADO DE CARGA DE BATERÍAS HÚMEDAS DE ÁCIDO-PLOMO

Condición de la batería	Estado de carga	12 Batería voltio	Voltios por celda
Buena	100%	12.7	2.12
	90%	12.5	2.08
	80%	12.42	2.07
	70%	12.32	2.05
	60%	12.2	2.03
OK	50%	12.06	2.01
	40%	11.9	1.98
Insegura	30%	11.75	1.96
	20%	11.58	1.93
Peligrosa	10%	11.31	1.89
	0%	10.5	1.75

* La tabla anterior depende del fabricante y del tipo de batería, pero la mayoría de las baterías de ácido-plomo tendrán características similares.

Las baterías VRLA requieren patrones de carga similares a los de las baterías húmedas de ácido-plomo, pero el SOC difiere del voltaje en la tabla anterior. Las baterías de iones de litio también tienen un patrón de voltaje distinto para el SOC; estas son menos susceptibles a daños por SOC irregular y pueden estar entre el 20% y el 100% sin dañar la batería de forma significativa. Esto significa que no tiene que recargar la batería al 100% todos los días o incluso todas las semanas (a diferencia de las baterías de ácido-plomo, que deben recargarse al 100% casi todos los días).

Códigos de tamaño de la batería

El Consejo Internacional de Baterías (BCI, por sus siglas en inglés) representa a los fabricantes de baterías de ácido-plomo. El BCI ha designado un código de tamaño de batería para agrupar baterías similares. El código o la identificación del grupo se basa en el tamaño físico y la ubicación de los terminales y no mide la capacidad de las baterías. Algunas baterías tienen códigos del BCI y en la mayoría de los casos muestran una lista de códigos compatibles, para que pueda hacer coincidir el estuche con la batería.

Las instalaciones solares aisladas varían en tamaño, por lo que no puedo recomendar un tipo específico de batería, pero aquí hay algunos códigos comunes de tamaño de batería que van de menor a mayor: U1, 24, 27, 31, T-105, 4-D, 6- D, 8-D. Hay algunos códigos que están desactualizados, por ejemplo, para las barredoras para pisos "FS" y para los carritos de golf "GC".

Selección de módulos fotovoltaicos

Una vez que haya seleccionado su sistema de batería, debe considerar qué tipo de módulos fotovoltaicos (FV) son adecuados para su sistema de energía aislado. Las baterías determinan cuánto tiempo puede proporcionar potencia eléctrica cuando no hay luz solar disponible, pero los módulos fotovoltaicos definen cuánta energía se puede recolectar en su ubicación particular.

Las **celdas fotovoltaicas** proporcionan potencia instantánea y no pueden almacenar energía por sí mismas. Es por eso que las baterías se usan con frecuencia con paneles solares en sistemas de energía autónomos, para que la energía se pueda utilizar cuando el usuario la necesita.

Fundamentos FV

La potencia de salida de un módulo solar se mide en vatios y es igual al voltaje de funcionamiento multiplicado por la corriente operativa. Los paneles solares producen corriente en una amplia gama de voltajes. (Esto contrasta con las baterías, que producen corriente en un rango de voltaje estrecho). Como el voltaje de un panel solar puede fluctuar significativamente, se puede usar un controlador de carga para administrar el voltaje de funcionamiento y la corriente en uso y así maximizar la potencia de salida. Cuando se usa con controladores de carga, el voltaje y la corriente del panel solar están inversamente relacionados, por lo que un aumento de voltaje produce una disminución de la corriente y viceversa.

Celdas, módulos, paneles y arreglos

Las definiciones de una celda, un módulo, un panel y un arreglo solar son áreas comunes de confusión. Se enumeran aquí de menor a mayor.

- **Celdas fotovoltaicas (FV)**: Las obleas cuadradas de silicio, azules o negras, de 125-150 mm que están conectadas eléctricamente dentro de un módulo solar. Hay circuitos en serie y paralelo de celdas FV dentro del módulo, que aumentan el voltaje, la corriente y la potencia.
- **Módulo FV**: Una colección de celdas fotovoltaicas encapsuladas en vidrio y generalmente alojadas en un marco de aluminio.
- **Panel FV**: Uno o más módulos fotovoltaicos preensamblados para facilitar la instalación. Por ejemplo, dos módulos montados en un riel con sus cables en clips, serían un panel FV.
- **Arreglo FV**: El sistema completo de generación de energía, que consta de cualquier número de módulos o paneles FV.

Tipos de tecnología

Existen dos categorías principales de módulos solares fotovoltaicos: silicio cristalino (c-Si) y capa fina. La mayoría de los módulos FV de c-Si tienen una función similar y solo difieren en su eficiencia, que oscila entre el 10-22%. Por otro lado, las diferencias entre los módulos FV de capa fina son más significativas ya que se trata de una tecnología más nueva.

Mono-Si y Poly-Si

Los dos tipos de celdas fotovoltaicas de silicio cristalino; las de tipo monocristalino (mono-Si) y de policristalino (p-Si) son muy similares y se diferencian solo en la forma en la que se fabrican. Las celdas fotovoltaicas mono-Si están hechas de lingotes de cristal en forma de cilindro cortados en obleas muy finas. Puede reconocer un módulo fotovoltaico mono-Si porque hay bordes redondeados cerca de la esquina de la celda. Debido a que el mono-Si usa silicio más puro, generalmente tiene una mayor eficiencia en comparación con el p-Si.

Los cristales de P-Si se fabrican de una manera diferente, pero el resultado final sigue siendo una fina oblea de silicio. El silicio crudo se calienta hasta que se licua, después de lo cual se vierte en moldes cuadrados. El color y la textura de la celda fotovoltaica suelen tener un aspecto púrpura e iridiscente. El P-Si es ligeramente menos eficiente y un poco menos costoso que el mono-Si. Los módulos P-Si tienen un poco menos de potencia para un módulo del mismo tamaño. Existen diferencias en la eficiencia, el precio y la producción de potencia, pero en realidad estas diferencias son pequeñas.

De capa fina

Los módulos de capa fina o película delgada difieren drásticamente de los módulos de silicio cristalino, no solo en la forma del módulo, sino también en el voltaje de salida, la producción de potencia, la sensibilidad a la temperatura y la esperanza de vida útil. Al igual que los módulos de silicio cristalino, también hay muchos tipos diferentes de módulos de capa fina con métodos de fabricación significativamente diferentes. La producción en masa de módulos de capa fina comenzó a principios del año 2000 después de que un aumento en los precios del silicio impulsara la innovación, por la necesidad de reducir las cantidades de silicio en cada celda fotovoltaica.

No recomendaría el uso de capa fina para su sistema de energía aislado a menos que esté muy familiarizado con el producto, o que esté dispuesto a experimentar considerando las ventajas y desventajas de la tecnología.

Precio por vatio

La mayoría de los instaladores de sistemas FV se preocupan más por el precio por vatio ($/ vatio) de los módulos fotovoltaicos que por su eficiencia. Hay muchos fabricantes de módulos FV de silicio cristalino de alta calidad, y todos están compitiendo para reducir el costo y aumentar su eficiencia. Mientras una compañía ofrezca una garantía de 25 años y esté calificada como "Tier 1", puede comprar casi cualquier módulo disponible en el mercado con una expectativa razonable de calidad y al precio por vatio más bajo disponible.

¿Qué es el Tier 1?

El Tier 1 o nivel 1 es una escala de clasificación aplicada por la Bloomberg New Energy Finance Corporation, que califica a los fabricantes de energía fotovoltaica en función de la estabilidad financiera y la capacidad bancaria. El Tier 1 es más un proceso que un producto estándar, lo que confirma la estabilidad comercial de un fabricante de módulos en lugar de la calidad de los módulos en sí.

Elegir el tamaño correcto del módulo

Los módulos fotovoltaicos varían en tamaño desde el de un libro al de una mesa. Por lo general, tienen un voltaje nominal más alto a medida que aumenta el tamaño físico. Si está construyendo un sistema pequeño y económico, debe considerar el voltaje de salida del módulo para asegurar una coincidencia adecuada con el resto de los componentes del sistema. Algunos módulos FV están diseñados para sistemas aislados porque tienen un voltaje nominal de 12V y fluctúan entre 0 y 18V. Los módulos de 12V son beneficiosos si desea utilizar un controlador de carga PWM menos costoso; los módulos FV de formato más grande con 60 o 72 celdas tendrán, usualmente, un voltaje nominal entre 28-36V y requerirán controladores de carga MPPT (para más información, consulte el capítulo *controlador de carga*).

Para sistemas autónomos de más de 3kW, recomiendo usar módulos FV más grandes, ya que son menos costosos por vatio. Junto con el controlador de carga MPPT más caro, el sistema puede cosechar el voltaje más alto, lo que resulta en un menor costo general de energía. Además, el uso de módulos más grandes puede ayudarle a ahorrar costos en el sistema de montaje y en el balance de los componentes del sistema. Todos estos factores de costo se deben tener en cuenta cuando recopila los datos que requiere su sistema.

Especificaciones del módulo solar

Todos los fabricantes de módulos solares incluyen una hoja de especificaciones o una hoja de datos que muestra detalles específicos sobre cada módulo. Las siguientes categorías lo ayudarán a comprender qué significan esos detalles y cómo se relacionan con el diseño de su sistema.

Curva I-V

La producción eléctrica de un panel solar se puede visualizar en un gráfico de curva de rendimiento, también conocido como curva I-V (corriente-voltaje). Se muestra como un gráfico con voltaje en el eje horizontal y corriente en el eje vertical (vea la imagen siguiente). Cuando un módulo solar está a la luz del sol, siempre está funcionando en un punto de la curva. La ubicación de esta curva cambiará dependiendo de muchas condiciones, como la radiación solar y la temperatura ambiente. La hoja de especificaciones mostrará una curva I-V en condiciones de prueba estándar (STC, por sus siglas en inglés); no es tan útil para aplicaciones en el mundo real, pero ofrece una comparación de manzanas con manzanas entre todos los tipos de módulos solares.

CURVA I-V SUPERPUESTA CON CURVA P-V

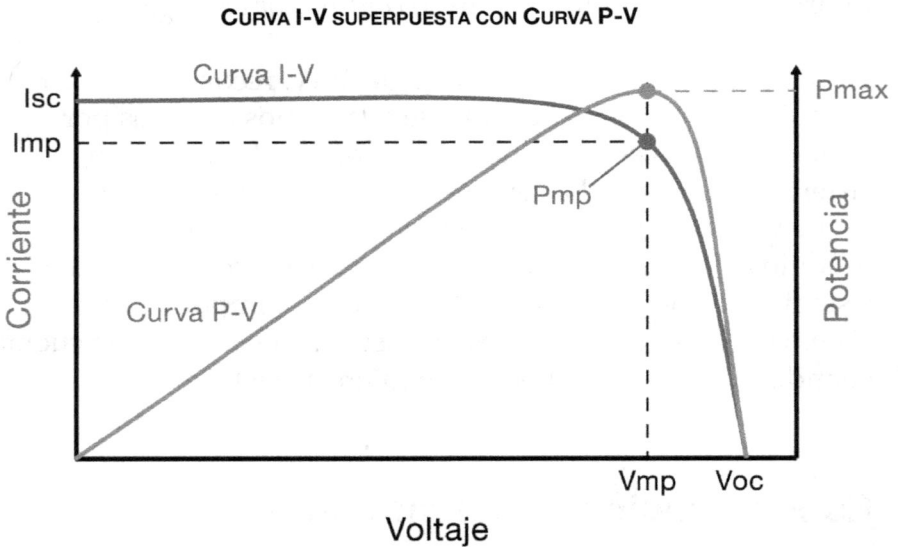

El **punto de potencia máxima (Pmp o P$_{max}$)** es igual a Vmp por Imp y se encuentra en la "rodilla" de la curva I-V. Los controladores de carga de seguimiento del punto de máxima potencia (MPPT) pueden alterar el voltaje de entrada de un módulo para obtener la mayor cantidad de energía.

El **voltaje máximo de potencia (Vmp)** de un panel solar es, por lo general, 70-80% del voltaje máximo de circuito abierto (Voc).

La **corriente de potencia máxima (Imp)** de un panel solar suele ser el 90% de la corriente de cortocircuito (Isc).

El **voltaje de circuito abierto (Voc)** es el voltaje potencial máximo de un módulo y está en el extremo derecho de una curva I-V. En el Voc no hay alimentación ni flujo de corriente porque representa un "circuito abierto", lo que significa que los cables del módulo están desconectados. Esto es como decir el punto de la máxima "presión". El Voc enumerado en la hoja posterior de un módulo se basa en las condiciones de prueba estándar (STC) y podría ser mayor bajo circunstancias diferentes, como a temperaturas ambiente más bajas.

La **corriente de cortocircuito (Isc)** es la corriente máxima si no hay resistencia en el circuito. Se encuentra en el extremo izquierdo de una curva I-V. Un "cortocircuito" generalmente significa que la ruta eléctrica cambió a una ruta más corta sin pasar por otros componentes en el circuito, lo que resulta en una resistencia muy baja y un flujo de corriente significativo. El Isc listado en la hoja posterior de un módulo se basa en las STC y representa el flujo máximo de corriente potencial en el módulo.

Condiciones de prueba estándar (STC)

Las Condiciones de prueba estándar (STC) representan el estándar de la industria solar para medir el rendimiento de un módulo solar. Proporciona una comparación justa entre los diferentes fabricantes de módulos solares. Las variables que afectan el rendimiento de un módulo solar son la temperatura de las celdas, la irradiancia solar y la masa del aire. Las STC se dan cuando la temperatura de la celda es de 25°C con una irradiación solar de 1000 vatios por metro cuadrado y 1.5 de masa de aire. La masa de aire 1.5 es un coeficiente que representa una trayectoria diagonal a través de la atmósfera en comparación con una vertical directa. Estas condiciones fueron diseñadas para representar un día claro y soleado para la mayoría de los lugares en la tierra.

Los efectos del sombreado de módulos

La mayoría de las personas no se dan cuenta de que una pequeña cantidad de sombreado en los módulos puede reducir drásticamente la producción de un arreglo solar. Por ejemplo, sombrear el 10% del área de la estructura podría reducir la producción de todo el sistema en un 50%. Además, si un módulo no tiene **diodos de derivación**, entonces, sombrear una celda fotovoltaica podría provocar una pérdida de potencia de hasta el 75%. Lo ideal es que no haya sombra durante seis horas en la etapa más soleada del día a lo largo de todo el año. Sin embargo, esto no siempre es posible, por lo que la reducción de la sombra durante la parte media del día sigue siendo fundamental.

Algunos módulos solares tienen diodos de derivación que ayudan a redirigir el flujo de electricidad cuando una parte de las celdas fotovoltaicas están en la sombra. Por lo general, las celdas del módulo solar están conectadas en serie, por lo que toda la electricidad producida en una celda debe viajar a través de todas las demás celdas antes de salir del panel solar. Si una celda descendente está sombreada, el voltaje cae debido al aumento de la resistencia, y todas las celdas del resto de la serie sufrirán una disminución de potencia.

Los diodos de derivación se pueden encontrar dentro de la caja de conexiones de la mayoría de los módulos solares.

Trabajan junto con las celdas FV de los módulos para redirigir efectivamente la corriente dentro del módulo, lo que le proporciona otro camino para viajar en caso de que se produzca algún sombreado. La mayoría de los módulos solares grandes tienen diodos de derivación reemplazables dentro de la caja de conexiones en la parte posterior. Ya que abrir la caja de conexiones puede anular la garantía del módulo, consulte el manual de usuario antes de hacerlo.

A continuación se muestra un diagrama que muestra cómo fluirá la electricidad cuando haya una sombra parcial en el panel solar. Con un módulo FV que tiene tres diodos de derivación, el sombreado parcial de una sola celda puede reducir la producción del módulo en un tercio. Este diagrama es un ejemplo general que muestra un objeto, como un respiradero del techo, que proyecta una sombra sobre el panel solar en diferentes momentos del día.

EJEMPLO DE LOS EFECTOS DE LA SOMBRA

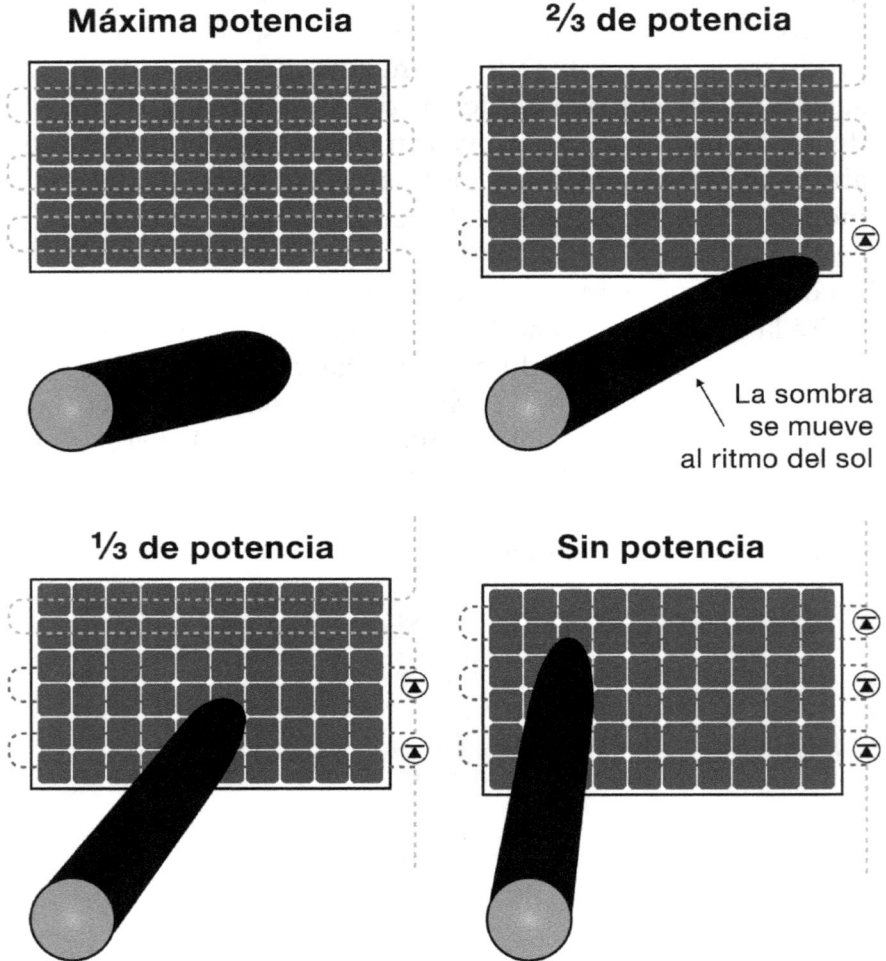

Máxima potencia

⅔ de potencia

La sombra
se mueve
al ritmo del sol

⅓ de potencia

Sin potencia

Si coloca varias filas de módulos solares inclinados en el suelo o en un techo plano, asegúrese de incluir suficiente espacio entre los módulos para tener en cuenta la exposición durante las seis horas pico de sol del día. Considere el ángulo del sol durante las horas pico del sol en el invierno y asegúrese de que la producción sea suficiente para su sistema.

Por lo general, el espaciado entre filas debe ser aproximadamente de 1.5 a 2 veces la altura del arreglo, pero esto cambia según las condiciones de su sitio. A continuación, una imagen que muestra cómo un ángulo de sol más pequeño significa que es necesario tener un espacio entre filas más amplio.

DIAGRAMA DE ESPACIADO ENTRE FILAS

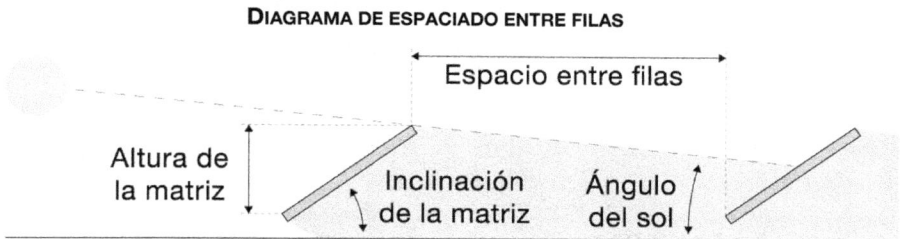

Cadenas de módulos

En el capítulo *Baterías*, expliqué cómo conectar las baterías en serie conectando un cable positivo de una batería a un cable negativo de otra; lo mismo ocurre con los módulos solares. Al conectar los módulos en serie, aumenta el voltaje mientras se mantiene la misma corriente. Conectar módulos en series como esta crea una cadena. Utilice el mismo tipo de módulos en una cadena siempre que sea posible para mantener una buena eficiencia. No se debe conectar diferentes paneles solares en una misma cadena, pero es aceptable siempre y cuando tengan rangos de corriente similares. Si conecta módulos diferentes en serie, la cadena se reducirá al módulo con el amperaje más bajo; en otras palabras, el amperaje solo será tan fuerte como el enlace más débil de la cadena.

En la página siguiente hay una imagen que muestra cómo dos módulos conectados entre sí tendrán una salida de potencia coincidente, pero con un voltaje o corriente diferente, según el tipo de conexión que se realice. Vale la pena reiterar aquí que en una conexión en serie, tiene el doble de voltaje, pero la corriente sigue siendo la misma. En una conexión paralela, tiene el doble de corriente, pero el voltaje sigue siendo el mismo.

MÉTODO DE CONEXIÓN EN SERIE VS. PARALELO

HOJA DE ESPECIFICACIONES

Pmax	145 Wp
Voc	22.2 V
Vmp	18.0 V
Isc	8.69 A
Imp	8.17 A

CONEXIÓN EN SERIE

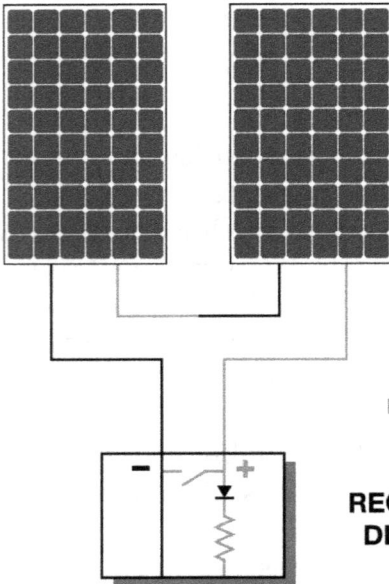

CONEXIÓN EN PARALELO

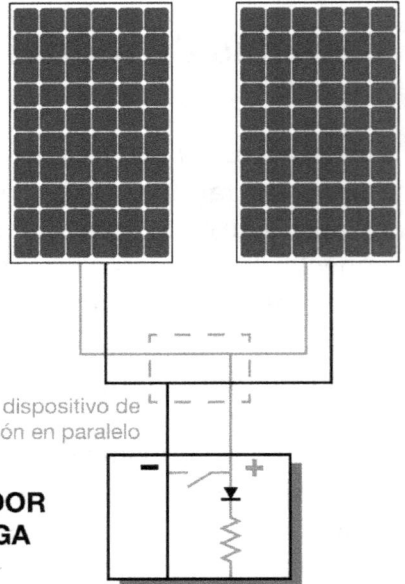

Requiere dispositivo de conexión en paralelo

REGULADOR DE CARGA

Vmp	36.0 V		**Vmp**	18.0 V
Imp	8.17 A		**Imp**	16.34 A
Pmp	294 Wp		**Pmp**	294 Wp

Las secuencias en cadena pueden variar desde dos hasta 20 o más módulos, según la forma en que se diseñan los componentes electrónicos de CC. Por lo general, conectará tantos módulos como sea posible en una conexión en serie hasta que se alcance el voltaje deseado. En ese momento, si se desea más módulos, puede agregar más cadenas con el mismo número de módulos en paralelo a las otras cadenas hasta alcanzar la corriente que desea.

Recuerde que las conexiones en paralelo de los módulos FV requieren un dispositivo de conexión en paralelo, como una caja combinadora para exteriores o un adaptador en Y calificado para exteriores. Una caja combinadora con terminales de carril DIN o cajas Polaris sería suficiente para terminar los conductores. Las conexiones en serie suelen ser de macho a hembra y no necesitan ningún terminal de conexión.

Es muy importante que el voltaje de circuito abierto (Voc) de su cadena de módulos no exceda el voltaje de entrada del controlador de carga ni otra electrónica de corriente directa. Sume el Voc de todos sus módulos en serie y compárelo con el voltaje de entrada de su equipo, teniendo en cuenta que las temperaturas extremas en la ubicación de su sitio pueden alterar el Voc.

Los efectos de la temperatura

Cuando la temperatura de la celda de un módulo solar supera los 25°C, el potencial de producción caerá por debajo del rendimiento que indica la placa de identificación. Las celdas solares funcionan de manera menos eficiente a temperaturas más altas porque el calor agrega resistencia al flujo de electrones. Por cada grado por encima de 25°C, el rendimiento del módulo se reducirá en aproximadamente un 0,5%. En climas muy fríos, ocurre lo contrario: incluso es posible superar la producción eléctrica de las STC en días de invierno muy soleados debido a la reducción de resistencia interna.

Voltaje máximo del arreglo FV en climas fríos

Superar la potencia de las STC conduce a otra serie de preocupaciones. Como la potencia del módulo puede aumentar en esos días fríos y soleados, debe asegurarse de que la secuencia de módulos no exceda los límites de voltaje del resto del sistema. Superar los límites de voltaje destruirá la electrónica. Los fusibles y los interruptores solo protegen de la corriente alta, no del voltaje.

Los paneles solares tienen un amplio rango de voltaje y puede llegar a ser muy alto en días fríos y soleados. La mayoría de los fabricantes de módulos enumerarán un coeficiente de temperatura para el voltaje de circuito abierto (TC_{Voc}) y un coeficiente de temperatura para la corriente de cortocircuito (TC_{Isc}). Se muestra generalmente como voltios por °C o porcentaje por °C por debajo de 25°C. Siempre debe determinar la temperatura mínima extrema, no el promedio.

Si, por ejemplo, la temperatura más baja registrada en su región fuera de -10 ° C, entonces la diferencia con las condiciones STC sería de 35°C. Si un módulo FV tiene un Voc de 37.2V y un TC_{Voc} de -0.34%/°C, entonces el cálculo a continuación muestra que el Voc ajustado sería de 41.6V para ese módulo.

$$TC_{Voc} \times (25\,°\,C \; - \; la\ temperatura\ más\ baja\ registrada.)$$
$$= \%\ de\ ajuste$$

$$-0.34\%/°C \times (25°C \; - \; (-10°C)\,) = \; -11.9\%$$

$$Voc\ en\ STC \times (1 - (\%\ de\ ajuste)\,) \; = \; Voc\ ajustado$$

$$37.2\,V \times (1 - (-11.9\%)\,) \; = \; 41.6\,V$$

Selección del controlador de carga

Los controladores de carga actúan como administradores de energía, protegiendo la batería y optimizando la energía generada por los paneles solares. Los componentes electrónicos del interior están diseñados para permitir que solo fluya la electricidad bajo determinadas circunstancias y para proteger las baterías.

A veces llamados convertidores CC-CC o controladores solares, los controladores de carga sirven como dispositivos de protección que conectan los paneles solares y las baterías. Los controladores de carga modifican el voltaje de los paneles solares a lo largo del ciclo de carga de las baterías y proporcionan el voltaje de carga requerido en función de la etapa de carga. También cuentan con algunas protecciones, como la desconexión de la batería por bajo voltaje y la protección de sobrecarga. No todos los controladores de carga tienen las mismas características o eficiencia, por lo tanto, asegúrese de investigar sus opciones antes de elegir.

¿PWM o MPPT?

Todos los controladores de carga tienen una variedad de características que protegen el sistema, pero su propósito principal es manejar la energía solar y transferirla a las baterías de una manera segura y eficiente. Los controladores de carga se dividen en dos categorías principales: **modulación por amplitud de pulsos** (PWM) y **seguimiento de punto de máxima potencia** (MPPT). La decisión entre los dos tipos depende en gran medida del tamaño del sistema, el Voc de sus paneles solares y su clima local.

Los controladores de carga MPPT son más complejos y más eficientes, pero también más caros que los PWM. Sus componentes electrónicos les permiten operar al voltaje de potencia máxima (Vmp) de los módulos solares, lo que permite un 5-25% más de eficiencia (especialmente cuando la tensión fotovoltaica es superior a 150V). Además, los módulos solares más grandes con 60 o 72 celdas usualmente tienen un voltaje funcional más alto que el voltaje de la batería. En este caso, un controlador de carga MPPT se vuelve más rentable porque la electrónica recolecta más energía solar al convertir todo ese voltaje adicional en corriente.

Los controladores de carga PWM nunca operan en Vmp y "reducen" el voltaje a lo que la batería requiere al recortar todo el exceso de voltaje. La electrónica simple del controlador de carga PWM no convierte ese gran potencial de voltaje en corriente. Los módulos FV diseñados para aplicaciones aisladas que generalmente tienen 36 celdas son compatibles con los controladores PWM y MPPT, pero en los módulos más grandes puede que el voltaje no coincida con el controlador PWM.

PWM vs. MPPT EN LA CURVA I-V

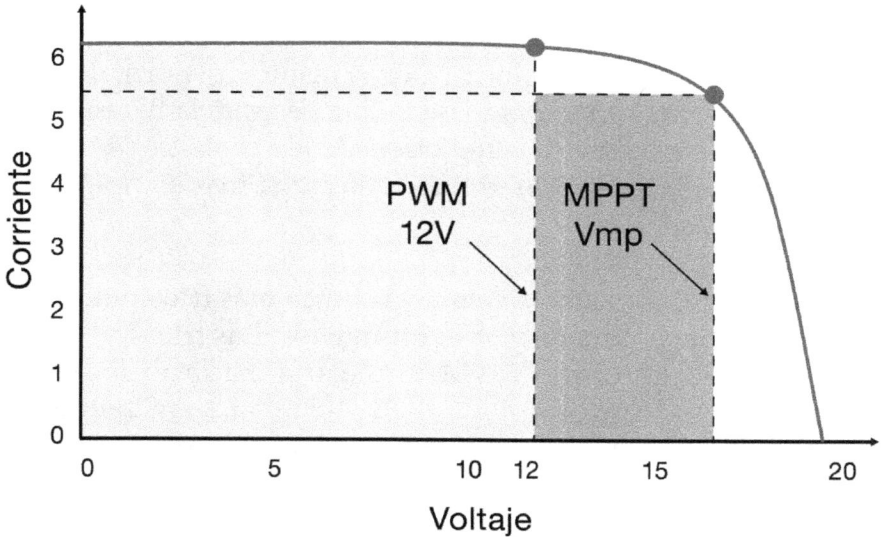

El gráfico anterior muestra cómo el MPPT obtiene la mayor cantidad de energía disponible al rastrear el voltaje y la corriente hasta el punto Vmp en la "rodilla" de la curva I-V. ¿Observa cómo el PWM no rastrea el voltaje o la corriente, sino que, en cambio, empuja el voltaje nuevamente a 12V?

Consideraciones con los PWM

Un controlador de carga PWM podría ser la mejor opción si:
1. El panel solar es pequeño con solo unos pocos módulos;
2. El voltaje nominal del módulo está ligeramente por encima pero cerca del voltaje de la batería;
3. Está en un clima cálido.

Por ejemplo, si está utilizando un panel solar de 12V nominal (0-18V) con un sistema de batería de 12V nominal (12-14V), entonces el panel solar generalmente proporcionará el voltaje correcto necesario para cargar las baterías sin sacrificar mucha eficiencia. Esto se debe a que en climas más cálidos, un módulo de 12V nominal (0-18V) tendrá una caída de voltaje debido a la resistencia interna. Como resultado, normalmente tendrá un voltaje en el rango de lo que necesita la batería (12-14V). Este sistema no se beneficiaría de las ventajas proporcionadas por el controlador de carga más complejo, el MPPT.

Por otro lado, el mismo sistema en climas más fríos puede tener un voltaje cercano a 18V durante los días fríos y soleados. El controlador PWM "empujaría" hacia abajo esa tensión a 12V, lo que significa que la corriente se mantendría igual y la potencia sería relativamente baja. De manera alternativa, con un controlador MPPT, ese voltaje adicional por encima de 12V se convertiría en corriente y el sistema funcionaría en Pmp. Debido a esto, el aumento de la potencia durante esos días fríos y soleados podría justificar el costo de un controlador de carga MPPT.

Si planea usar cables largos o usar cables delgados desde el sistema de energía solar al controlador de carga o las baterías, el voltaje disminuirá debido al incremento de resistencia. Esto podría disminuir el voltaje por debajo del voltaje de carga de las baterías. Un controlador PWM no puede elevar el voltaje a lo que requiere la batería; sin embargo, un controlador MPPT podría manejar la caída de voltaje.

Consideraciones con los MPPT

No todos los controladores de carga MPPT son iguales; busque marcas confiables con garantías útiles y de buena reputación. La efectividad de la electrónica de los MPPT puede variar significativamente. La electrónica de los MPPT recorre la curva I-V en busca de la potencia de salida más alta y se bloquea en el punto de máxima potencia para lograr la máxima eficiencia. La velocidad del barrido y la cantidad de veces que se inicia la barrida depende completamente de los diseñadores del controlador MPPT. Algunos controladores de baja calidad pueden tardar un minuto completo en completar un barrido de la curva I-V y pueden iniciarlo solo unas cuantas veces al día. Las mejores marcas pueden barrer en tan solo 0.25 segundos e iniciarán el barrido con mucha más frecuencia.

Todos estos ejemplos muestran que las complejidades del MPPT ayudan a aumentar la captación de energía solar, pero también con un costo adicional. Usted deberá tomar la decisión final sobre si los beneficios superan o no los costos para su proyecto.

Compatibilidad con el tipo de batería

La mayoría de los controladores de carga ofrecen una opción para cargar baterías de ácido-plomo selladas o húmedas, y es importante configurarlas para que coincidan con su tipo de batería. Pocos de ellos tienen configuraciones predeterminadas para baterías de litio y requieren una configuración personalizada para funcionar correctamente. La configuración adecuada de un controlador de carga mantendrá los puntos de ajuste de voltaje máximo y mínimo de la batería y la tasa de carga/descarga debidamente sincronizada, lo que ayudará a prolongar la vida útil de la batería y a mantener seguro el sistema.

Las baterías de ion-litio son relativamente nuevas para las instalaciones solares autónomas, lo que significa que solo unos pocos controladores de carga están diseñados para ellas. Además, algunos sistemas de administración de baterías de ion-litio pueden necesitar comunicarse con el controlador de carga o el inversor para evitar desconexiones inesperadas.

Asegúrese de que la línea de comunicación pueda hacer que el BMS se vuelva a conectar con la batería después de una desconexión. Por ejemplo, si el SOC cae por debajo de un cierto umbral, el BMS se desconectará de la carga para proteger la batería, lo que podría ocasionar que la batería no se cargue.

Visite mi sitio web para obtener más información sobre los controladores de carga compatibles con baterías de iones de litio.

www.OffGridSolarBook.com/Store

Protección del sistema

Para proteger todo el equipo en el circuito, los controladores de carga tienen componentes electrónicos que configuran el protocolo para abrir o cerrar vías según los voltajes y la dirección del flujo.

Medio de desconexión

Dado que las baterías pueden dañarse gravemente si el voltaje cae por debajo del 20% del estado de carga, un interruptor para desconexión por bajo voltaje (LVD) puede desconectar la batería de la carga para evitar daños permanentes. Las baterías también pueden dañarse si se sobrecargan, por lo que los controladores de carga generalmente también tienen una protección contra sobrecargas que corta el suministro de energía fotovoltaica a las baterías cuando alcanzan la carga máxima.

Dado que la electricidad fluye a través de la ruta de menor resistencia, es posible que la batería empuje la corriente nuevamente hacia del arreglo solar. Los módulos FV no están diseñados para que el flujo de electricidad regrese a ellos, por lo que una reversión de la corriente podría ser desastrosa. Los controladores de carga generalmente tendrán una protección de corriente inversa para proteger el arreglo FV.

A pesar de estas protecciones integradas en el controlador de carga, no es seguro conectar simplemente una variedad de módulos FV, baterías y cargas. Por ejemplo, la mayoría de los controladores de carga no tienen ninguna protección contra una entrada de alto voltaje desde el arreglo solar, por lo que el diseñador debe planificar el sistema basándose en el Voc del peor caso del arreglo FV.

Consulte la hoja de especificaciones del controlador para ver qué características de protección están presentes, así como sus parámetros, que pueden ajustarse para adaptarse a los requisitos de su sistema.

Compensación de temperatura

Algunos controladores de carga alterarán sus características de carga dependiendo de la temperatura ambiente de las baterías. Esto es particularmente importante para las baterías selladas debido a su mayor sensibilidad a la sobrecarga. La compensación de temperatura es más efectiva cuando la temperatura oscila más de 10°C en el transcurso de un año. Esto asegurará la carga completa en los meses de invierno y evitará la sobrecarga en los meses de verano.

Carga de ecualización

Con las baterías húmedas las diferentes celdas tendrán periódicamente cargas desequilibradas, y se necesita una carga de ecualización para restaurar las cargas iguales entre las celdas. Esto también reducirá la sulfatación y la estratificación. Algunos controladores de carga tienen carga de ecualización automática o manual. Las baterías húmedas de ácido-plomo se deben ecualizar una o dos veces al mes para mantener su vida útil. Cuando use baterías de litio, siempre apague la opción de ecualización.

PERFIL DE CARGA DIARIA DEL CONTROLADOR DE CARGA PARA BATERÍAS DE ÁCIDO-PLOMO

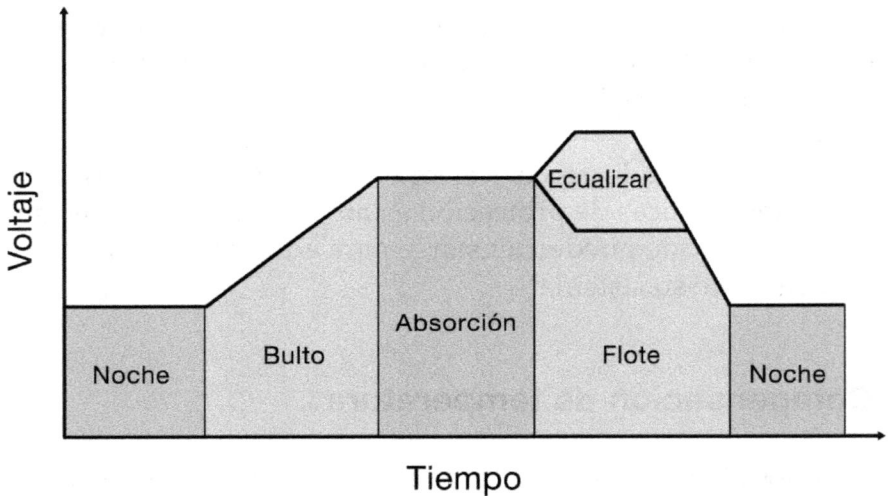

Tenga en cuenta que la etapa de ecualización no ocurrirá todos los días.

Selección del inversor

Para sistemas de energía solar autónomos se necesitan inversores para cambiar la energía de CC que proviene de las baterías y los paneles solares a energía de CA para el uso final. Los únicos sistemas que necesitan un inversor son aquellos en los que algunos de los equipos funcionan con CA.

Para sistemas más pequeños, el controlador de carga solar tiende a ser el cerebro del sistema, pero para sistemas más grandes, el inversor hace toda la detección y comunicación entre los componentes. Algunos fabricantes incluso combinan el controlador de carga y el inversor en una sola unidad para simplificar el proceso de instalación.

Fundamentos del inversor

La electricidad, o la corriente, puede fluir de dos maneras: corriente alterna (CA) o corriente continua (CC). La diferencia entre la CA y la CC es la dirección del flujo; la CC siempre fluye en una dirección, mientras que la CA fluye rápidamente de un lado a otro a una frecuencia específica medida en Hertz (Hz). La CA es mejor para transmisión a **largas distancias** y es la corriente estándar de la red eléctrica. La corriente continua se usa normalmente para **distancias cortas,** y, como no se alterna, no tiene frecuencia en Hertz. Las baterías y los paneles solares fluyen naturalmente en corriente continua. La mayoría de los aparatos electrónicos, como teléfonos celulares, computadoras, luces LED y televisores funcionan en CC, por lo que requieren un conversor de CA a CC con redes eléctricas de CA.

Entonces, ¿por qué molestarse con CA si todo funciona con CC? Podría construir su sistema de energía solar y alimentar su hogar en CC sin la necesidad de un inversor, pero tendría que usar dispositivos diseñados para entrada de CC. Sin embargo, un desafío mayor es que también necesitará hacer coincidir el voltaje de su sistema con sus dispositivos electrónicos. Para transmitir energía a largas distancias, es ventajoso usar un sistema de alto voltaje para reducir las pérdidas por resistencia; de lo contrario, necesitará cableado grueso (costoso). El alto voltaje reduce la resistencia y le permite utilizar cables más pequeños y menos costosos. Actualmente, no se ha establecido un estándar común para los voltajes de CC en una casa, por lo que obtener el transformador correcto para reducir el voltaje al nivel necesario para sus dispositivos eléctricos no es fácil ni posible siempre. Debido a esto, la mayoría de los sistemas de energía solar aislados incluirán un inversor de CC a CA para transmitir al hogar y luego se utilizarán los conversores de CA a CC para cada dispositivo electrónico.

Coincidir con los servicios públicos de su país

Incluso si está construyendo un sistema autónomo, es aconsejable hacer coincidir su inversor con el tipo de enchufe, el voltaje y la frecuencia de su país, según lo designado por las redes de servicios públicos de su localidad. Existen 15 tipos de enchufes de tomacorrientes eléctricos en todo el mundo hoy en día, pero los adaptadores de enchufes universales solo se pueden adaptar a su caja de enchufe. Lo importante es seleccionar aparatos que sean compatibles con el voltaje y la frecuencia; la forma del enchufe realmente no importa. En la mayoría de las partes del mundo, un enchufe estándar está entre 220-240V y 50Hz, pero en América y en algunas partes de Asia son de 100-127V y 60Hz. Es posible que los equipos eléctricos que no coincidan no funcionen correctamente y puede ser riesgoso equivocarse en el voltaje y la frecuencia. Consulte con el fabricante, ya que algunos productos están diseñados para funcionar con ambos tipos de energía aunque los enchufes de las tomas no coincidan.

Potencia: Continua vs. de arranque

Los inversores tienen una valoración designada de potencia para uso continuo y un valor más alto para el arranque rápido. Por lo general, el arranque no es más que el doble de la carga continua y se califica durante un período de tiempo limitado, pero cada fabricante tiene especificaciones diferentes. Por ejemplo, un inversor de 300 vatios puede tener un aumento de 600 vatios a los 5 segundos. La potencia de arranque es muy importante si utiliza motores, transformadores o condensadores en el lado de carga de su sistema. (Esto incluye refrigeradores, aspiradoras, herramientas eléctricas, bombas y flashes de cámara). La corriente de arranque o de entrada en los motores generalmente es más del doble de su carga continua, así que no asuma que un motor funcionará con su inversor solo porque la potencia continua coincide.

La potencia de arranque no se puede medir con un multímetro regular o un Kill A Watt, por lo que si necesita determinar la sobrecarga de un motor, necesitará un osciloscopio o al menos un medidor de pinza con una configuración de corriente de entrada.

Protección del sistema

Al igual que los controladores de carga, los inversores también albergan dispositivos electrónicos destinados a proteger el equipo en un circuito mediante un conjunto de protocolos que abren o cierran vías según el voltaje y la dirección del flujo. Algunos inversores tienen funciones que protegen el equipo del circuito contra sobrecorrientes y altas temperaturas.

Lidiando con el factor de potencia

En los circuitos de CA, el factor de potencia (FP o f.d.p.) puede afectar la calidad de la potencia proporcionada. El FP es la relación entre la potencia real que se utiliza para hacer el trabajo y la potencia aparente que se suministra al circuito. Por lo tanto, el FP representa la calidad de la potencia proporcionada y varía de 0 (malo) a 1 (bueno).

Cuando el FP es bajo y se aproxima a cero, existe una carga inductiva significativa (también conocida como potencia reactiva). Los aparatos que utilizan energía magnética para trabajar generan cargas inductivas, como motores y transformadores. Puede detectar estos aparatos sin muchos problemas, ya que las grandes bobinas de alambres necesarias para utilizar la energía magnética los hacen bastante pesados.

Cuando el FP es alto y cercano a 1, toda la potencia es real con poca potencia reactiva. Esto ocurre con la carga resistiva. Las cargas resistivas normalmente se utilizan para convertir la electricidad en calor, como en calentadores eléctricos y focos incandescentes.

Si tiene muchos motores en su sistema, el factor de potencia podría disminuir demasiado, haciendo que el sistema funcione de forma inadecuada y se sobrecaliente. Puede probar el factor de potencia de un circuito con un medidor Kill A Watt. Considere ampliar su inversor o deshacerse del dispositivo en cuestión si prueba su circuito y el FP está por debajo de 0.9. No recomendaría el uso de dispositivos de corrección de factor de potencia ya que nunca he oído hablar de uno que funcione correctamente.

Onda senoidal pura vs. onda modificada

Al igual que con los controladores de carga, hay dos tipos distintos de inversores: el de onda senoidal pura y el de onda modificada. La imagen siguiente muestra cómo los dos difieren en alternar la corriente en un circuito de CA.

Debido a que la onda senoidal modificada cambia bruscamente la dirección de la corriente, puede dañar algunos de los equipos que alimenta. Casi todos los dispositivos electrónicos, como computadoras, televisores, cargadores de baterías, luces LED o fluorescentes, relojes digitales, radios digitales, etc., se ven afectados negativamente por los inversores de onda senoidal modificada. Estos productos podrían no funcionar, sobrecalentarse, funcionar mal durante su uso o tener una vida útil más corta. Los dispositivos como los calentadores de resistencia y los motores con cepillos funcionarían bien con un inversor de onda senoidal modificada.

Para casi todos los casos, un inversor de onda senoidal pura es la mejor opción. Es muy difícil predecir cómo reaccionarán los productos en el lado de la carga al inversor de onda senoidal modificada.

COMPARANDO ONDA SENOIDAL Y MODIFICADA

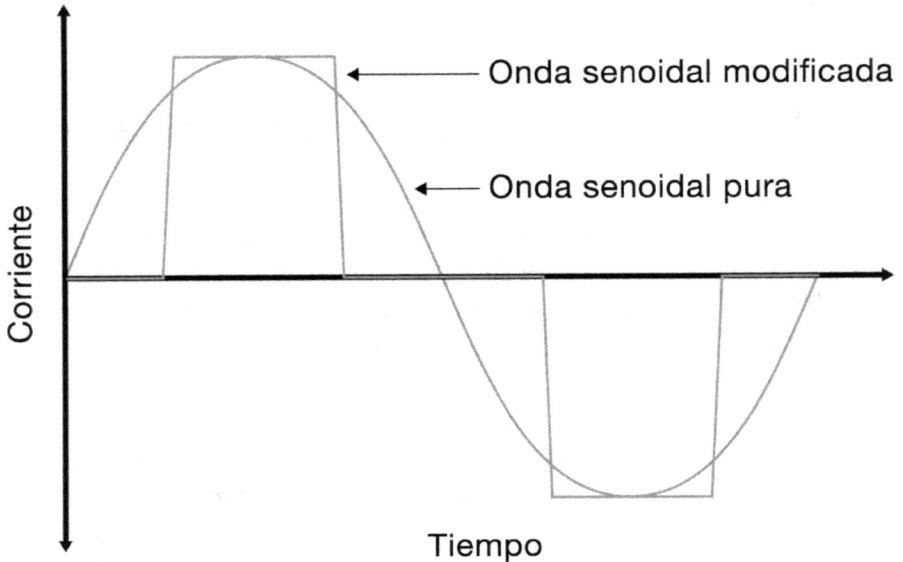

Onda senoidal modificada

Onda senoidal pura

Corriente

Tiempo

Monofásicos, divididos y trifásicos

Si está construyendo un sistema de menos de 5 kilovatios, lo más probable es que desee un inversor monofásico. Los inversores de fase dividida y trifásicos tienen circuitos adicionales que comparten una ruta neutral para obtener energía adicional, lo que da como resultado menos conductores redundantes. La fase dividida es común para los hogares en América del Norte y la trifásica es común para los sistemas comerciales más grandes.

Si su sistema tiene menos de 5 kilovatios de potencia máxima, debe planear usar un inversor monofásico, ya que estos otros tipos generalmente solo se usan para aplicaciones en la red o sistemas más grandes. Si su proyecto es significativamente grande (más de 5 kilovatios), podría considerar un inversor de fase dividida si se encuentra en Norteamérica, pero esto depende de cómo administrará su panel de cargas.

Si está construyendo una micro-red y tiene cables largos, puede ser ventajoso utilizar un inversor trifásico. Con los sistemas trifásicos usted tiene tres cables que comparten un cable neutro común, por lo que puede tener tres circuitos con solo cuatro cables y ahorrar en costos de cables.

Inversores bidireccionales

Como se mencionó, los inversores convierten la corriente continua (CC) en corriente alterna (CA) para convertir la energía solar o de la batería en energía utilizable para su hogar. Pero en algunas circunstancias, también es útil poder convertir CA en CC (por ejemplo, para usar un generador para cargar baterías en días nublados de invierno). La conversión de CA a CC se llama rectificación; un rectificador cambia de CA a CC.

Un **Inversor bidireccional**, también llamado inversor híbrido o de batería, convierte entre ambas, CC y CA. Puede rectificar (convertir de CA a CC) e invertir la energía (convertir de CC a CA). Todo esto significa es que el inversor también tiene un cargador de batería incorporado. Algunos de estos inversores de batería solar también tienen la capacidad de convertir CC de alto voltaje del arreglo solar a un voltaje más bajo para la batería. En este caso, se trata simplemente de un inversor con un cargador de batería y un controlador de carga, todo en una misma caja. Podría ser beneficioso comprar todos estos componentes en una sola caja en lugar de tener tres componentes separados.

Además, muchos de estos inversores están diseñados para baterías de ácido-plomo y deben configurarse a la medida para baterías de ion-litio. Visite mi sitio web para obtener más información sobre cómo seleccionar un inversor compatible para usar con baterías de iones de litio.

Eficiencia del inversor

No todos los inversores tienen la misma eficiencia de conversión de CC a CA y de CC a potencia de CA. A menudo, los inversores declaran su eficiencia máxima, pero es más importante comprender la curva de eficiencia total. Vea el ejemplo a continuación.

EJEMPLO DE CURVA DE EFICIENCIA DEL INVERSOR

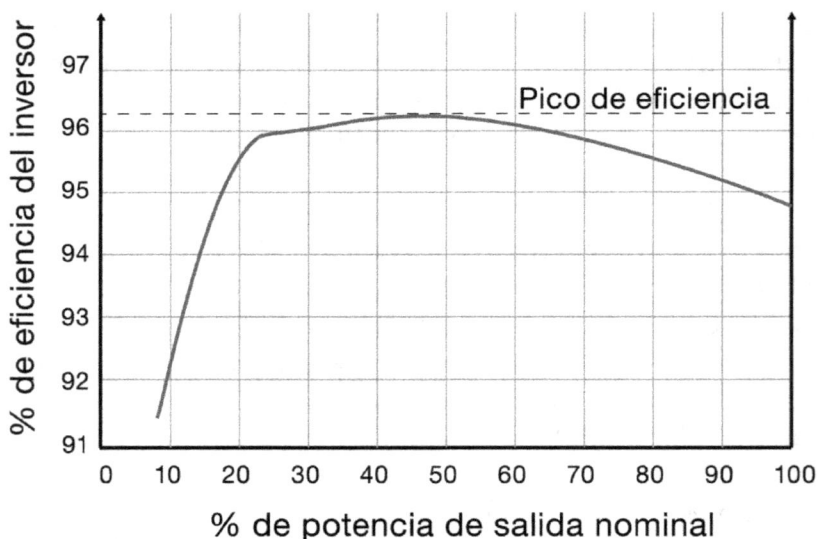

Eje Y: % de eficiencia del inversor (91, 92, 93, 94, 95, 96, 97)
Eje X: % de potencia de salida nominal (0, 10, 20, 30, 40, 50, 60, 70, 80, 90, 100)
Pico de eficiencia

Para la mayoría de los inversores, la eficiencia es muy baja cuando se invierte una menor potencia. Para los sistemas aislados, es realmente importante comprender la eficiencia a baja potencia, ya que puede agotar las baterías más rápido de lo que podría haber estimado. Por ejemplo, si está alimentando una luz LED de 100 vatios con un inversor que tiene una potencia máxima de 5,000 vatios, entonces solo está utilizando una pequeña parte de la capacidad del inversor. La eficiencia del inversor podría ser del 65% a esa potencia baja, aunque su eficiencia máxima sea de alrededor del 96%. Eso significa que el inversor necesita invertir 154 vatios de potencia de CC para proporcionar 100 vatios de potencia de CA para esa luz LED. Si espera utilizar su inversor con frecuencia en o por debajo del 20% de su potencia nominal, debe revisar los manuales de operación o funcionamiento del inversor para identificar uno con la mayor eficiencia a baja potencia, teniendo en cuenta que el uso de baja potencia durante muchas horas se acumulará rápidamente.

Debido a las diferencias de eficiencia entre los inversores, sería más realista compararlos con una eficiencia ponderada. Para hacer esto, debería considerar tanto los rangos típicos de potencia de producción solar para estimar el rango de carga, como los rangos típicos de potencia de carga para estimar el rango del inversor. Esto es específico para su configuración de energía solar y su perfil de carga del sistema o, en otras palabras, específico para la frecuencia con la que está utilizando la energía en cada rango de eficiencia.

Potencia de espera o reposo

Más allá del desperdicio de energía debido a la poca eficiencia al convertir la energía baja, el inversor también utiliza una cantidad medible de potencia en espera cuando no está en uso activo. Considere esta la energía necesaria para que el inversor esté encendido, caliente y listo para trabajar. Algunos inversores pueden usar hasta 30 vatios como referencia, aunque no estén invirtiendo ni cargando. Esta potencia en espera, también llamada energía en reposo, stand-by o energía de reserva, puede ser un gran desgaste para su sistema de batería, ya que puede estar encendido las 24 horas del día. Sería conveniente incluirlo en una de las cargas en la tabla de cálculo de carga que se analiza en el capítulo de *Diseño del sitio*.

Modo ahorro de energía

Muchos inversores tienen un modo de "ahorro de energía" en el que el inversor se apaga o hiberna, lo que reduce la energía de reserva mientras se espera a que se reactive. Este modo también se puede llamar modo silencioso o modo de búsqueda. Hay muchas maneras en que el inversor puede reducir su consumo de energía, pero algunos inversores se apagan en varias etapas, dejando una etapa activa; mientras que otros reducen el voltaje disponible hasta el mínimo hasta que se alcanza un umbral de potencia (por ejemplo, 100 vatios). Muchas veces, este modo de ahorro de energía está desactivado de manera predeterminada, así que asegúrese de activarlo, si es relevante.

Si el umbral mínimo se establece demasiado alto, es posible que algunas cargas no funcionen cuando el inversor se active en el modo de ahorro de energía. Por lo tanto, si planea tener algunos sistemas de bajo consumo de energía, como sistemas de seguridad o relojes, el inversor puede nunca caer por debajo del umbral y nunca entrar en el modo de ahorro de energía. Para esas cargas pequeñas, podría ser mejor usar pequeñas baterías recargables dentro del dispositivo o incluso otro inversor más pequeño siempre encendido que esté dedicado a ellas.

Enfriado pasivo vs. enfriado por ventilador

Todos los componentes electrónicos de un sistema de energía solar aislado se calientan cuando se usan, y los equipos solares tienden a ubicarse en lugares soleados, por lo que el calor extremo puede ocasionar serios problemas. Algunos fabricantes de inversores y controladores de carga le permiten colocar su equipo a la luz solar directa, pero eso no significa que deba hacerlo. Las temperaturas interiores más bajas, siempre que estén por encima de la congelación, generalmente ayudarán a que los componentes electrónicos funcionen de manera más eficiente y contribuyen a alcanzar una vida útil más larga. Revise el manual de instrucciones para ver las temperaturas apropiadas para el funcionamiento.

Los inversores y controladores de carga necesitan eliminar el calor de sus componentes para mantener la eficiencia y evitar daños. Esto se hace con más frecuencia con ventiladores que empujan el aire del exterior al interior del equipo. Si su equipo se instalará en un entorno especialmente polvoriento o corrosivo, como cerca del océano, tenga mucho cuidado si utiliza ventiladores como sistemas de refrigeración. Podría ser mejor comprar un sistema de refrigeración pasiva con un disipador de calor para el inversor y el controlador de carga. Las grandes aletas metálicas dentro de un sistema de enfriamiento pasivo proyectan el calor de la electrónica al aire del entorno. Los componentes electrónicos enfriados pasivamente no requieren electricidad para mover el aire y, en cambio, utilizan convección de calor. Debido a esto, los equipos enfriados pasivamente pueden sellarse completamente para protegerlos del polvo o del aire corrosivo.

Selección del balance del sistema

Comúnmente, el balance del sistema (BOS) se refiere a todos los equipos y hardware mecánicos y eléctricos que no sean los componentes principales, que son necesarios para finalizar la instalación. Incluye conductores (cableado), dispositivos de manejo de cables (como canales y conductos), caja de juntas y cajas combinadoras, interruptores de desconexión, fusibles, interruptores de circuitos, terminales, puesta a tierra y piezas de montaje. Incluso los componentes menores desempeñan funciones esenciales en el funcionamiento eficiente y duradero de su sistema aislado, por lo que es imperativo comprender cómo funcionan y cómo elegir los tipos adecuados para sus necesidades específicas.

Selección del cableado

Un cable utilizado para sistemas eléctricos generalmente está hecho de un conductor de cobre o aluminio, con o sin una funda protectora. En el habla cotidiana, los términos "alambre" (wire) y "cable" (cable) a menudo se usan indistintamente. Tienen una diferencia: un alambre se compone de un solo conductor y un cable agrupa dos o más alambres dentro de una sola funda.

El conductor de un solo alambre puede ser de metal sólido o puede consistir de múltiples alambres trenzados entre sí con un aislamiento alrededor de ellos formando un solo conductor. Los alambres trenzados son más flexibles, lo que facilita su trabajo en comparación con los alambres de metal sólido.

La envoltura protectora (o revestimiento) en cables o alambres está ahí para aislarlos de otros conductores y protegerlos de los elementos. Algunas cubiertas protegen contra el agua, la luz ultravioleta, el calor, el fuego o los ambientes corrosivos. No todas las fundas son iguales, así que asegúrese de verificar para qué entornos está diseñada.

La selección de los conductores correctos para el trabajo se deja con demasiada frecuencia como una idea de último momento. El calibre adecuado para el cableado es crítico para un sistema de energía eficiente y seguro.

El cobre se usa comúnmente como conductor, pero ocasionalmente se usa aluminio para ahorrar en el costo del material. Para el mismo calibre de cable, la sección transversal del diámetro del cobre será más pequeña que el aluminio, ya que inherentemente tiene menos resistencia como propiedad del material.

Como los estándares de cableado pueden diferir según la región, debe familiarizarse con los códigos locales. En Estados Unidos, se utiliza predominantemente el American Wire Gauge (AWG). Si no tiene un código local vigente, entonces su mejor opción será la IEC 60228, la norma internacional sobre conductores de cables aislados creada por la Comisión Electrotécnica Internacional (IEC). Esta comisión define áreas de sección transversal de alambre estándar en mm^2. Para una referencia rápida, veamos algunos de los tipos de cable más utilizados.

Tipos de cables eléctricos comunes

Basado en el American Wire Gauge (AWG) y los Underwriters Laboratories (UL):

- **Fotovoltaico (PV Wire):** Diseñado para ser usado para conectar módulos fotovoltaicos juntos en cadenas. Su revestimiento es resistente a la exposición a los rayos UV y puede ser enterrado.
- **THHN / THWN:** Se utiliza principalmente en el interior de conductos y soportes de cables. Aislamiento termoplástico con funda de nylon. No es resistente a los rayos UV.
- **USE/UF:** Diseñado para uso subterráneo y debe estar enterrado a 300-600 mm de profundidad. La envoltura de PVC del cableado USE/UF es resistente a los hongos y puede estar expuesta al agua.
- **RHH/ RHW:** Alambre con aislamiento de goma utilizado para conectar las baterías.
- **NM (también conocido como Romex®):** Por lo general, un cable de dos o tres conductores con una cubierta de PVC. Se utiliza para el cable de CA en el interior de una casa.

Resistencia eléctrica

La selección del conductor adecuado para el trabajo depende de una variedad de condiciones, pero lo más importante a recordar es que, si bien todos los alambres tienen cierta cantidad de resistencia, debe mantenerse al mínimo. El calibre del conductor es proporcional a la corriente máxima aceptable. Una alta resistencia significa pérdida de potencia y aumento de calor. El calibre del cable debe estar predeterminado por la corriente máxima que un cable llevará con una cantidad aceptable de resistencia de línea.

El cableado no es un área en la que debe economizar. Tratar de ahorrar dinero usando un cable más delgado que el requerido resultará en una pérdida de energía y en realidad podría costarle más dinero a largo plazo. Además, un cable que es demasiado delgado no podrá conducir adecuadamente la alta corriente que viaja a través de su pequeño diámetro, puede crear suficiente calor adicional como para que el aislamiento se derrita e incluso provoque un incendio. Esto podría ser un error peligroso, así que asegúrese de cumplir con los requisitos de su código local.

Cálculos del tamaño de conductor

Dado que el objetivo es minimizar la resistencia en los cables, establezca algunas pautas para evitar una caída excesiva en el voltaje. Dependiendo de dónde se encuentre el conductor en el circuito, la caída de voltaje por la resistencia del conductor debe calcularse y ser apropiada para cada circuito.

$$Caída\ de\ voltaje\ =\ I \times \Omega$$

Al elegir el conductor correcto, debe determinar la corriente máxima en el circuito, el tamaño de los fusibles o interruptores, la temperatura ambiente y el tipo de material del conductor y el aislamiento. Con esta información, puede tomar una decisión calculada sobre el calibre y el tipo de cable adecuado. Tenga en cuenta que si planea agrupar muchos conductores dentro del conducto o en un soporte de cables cerrado, esto cambiará la temperatura del diseño. También es importante asegurarse de que las conexiones de los terminales y los conectores finales no sean los puntos de resistencia más alta. Algunos equipos pueden tener un requerimiento de torque en los terminales de cableado para minimizar el riesgo de puntos de alta resistencia.

Para calcular la caída de voltaje en función de los parámetros de su proyecto, use la calculadora de caída de voltaje en mi sitio web.

www.OffGridSolarBook.com/Resources

Circuitos distintos en un sistema fotovoltaico aislado

Desafortunadamente, no puede usar el mismo cable para todo el trabajo. Hay muchos circuitos dentro de una instalación solar aislada y es útil hacer un mapa de todo el sistema en subcircuitos. Algunos de esos circuitos son de CC mientras que otros pueden ser de CA. Hay circuitos con diferentes requisitos de voltaje y corriente, y con diferente longitud y exposición a la intemperie. El sistema completo debe verse en cada escenario de circuito.

El siguiente diagrama muestra un ejemplo básico de los subcircuitos en un sistema FV aislado completo:

- **Fuente FV**: Módulos FV a caja combinadora
  - o Tipo de cable común: Cable PV o USE-2
- **Salida FV**: Combinador FV a controlador de carga
  - o Tipo de cable común: Cable FV, THHN/THWN dentro del conducto EMT, o USE/UF para el subsuelo
- **Entrada de batería**: controlador de carga a baterías
  - o Tipo de cable común: cable RHH/RHW
- **Salida del inversor**: Inversor a cargas de CA
  - o Tipo de cable común: Cable NM o Romex

SUBCIRCUITOS BÁSICOS DE UN SISTEMA FV AISLADO

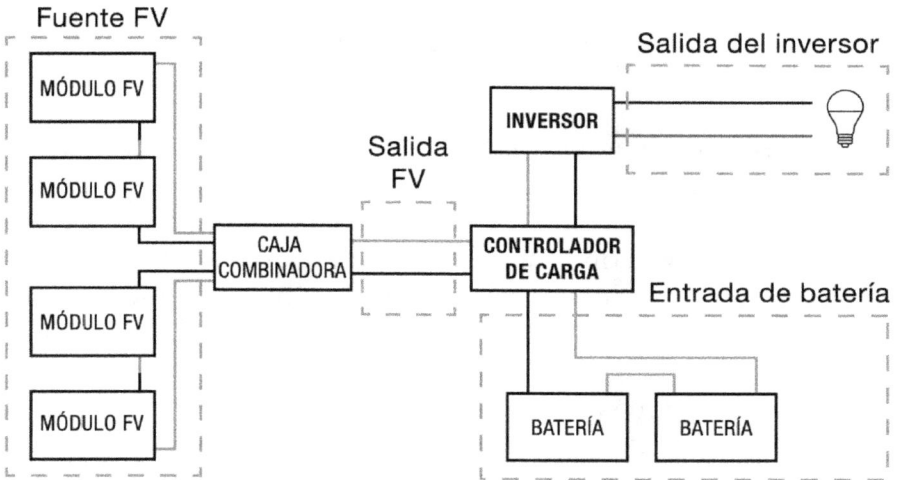

Circuito de fuente FV

Este circuito conecta los módulos entre sí en cadenas y termina en una caja combinadora o en el controlador de carga. En caso de duda, seleccione el mismo tamaño de cable y conectores que los módulos del sistema. El cable FV o *PV wire* funciona bien en ambientes al aire libre y para cierta exposición al sol.

Los requisitos de cableado para la fuente FV dependen de la corriente de cortocircuito (Isc) listada en el módulo. Para calcular esto, encuentre la corriente nominal de cortocircuito del módulo y multiplíquela por 1.25. Esto te dará la corriente máxima para ese circuito. La corriente máxima en el sistema se determina en un 125% porque es posible que los módulos superen su calificación de cortocircuito de las STC. Si tiene una cadena que va al inversor y los módulos tienen un Isc nominal de 8.41 A, entonces la corriente máxima de la fuente FV es:

$$Imax = 8.41\,A \times 1.25 = 10.5\,A$$

Circuito de salida FV

Si planea combinar las cadenas de módulos **en paralelo** en una caja combinadora, entonces es posible que deba subir el calibre del cable, cambiar al cable subterráneo o cambiar el tipo de cable del conducto. Cuando los módulos se conectan en paralelo se suma la corriente, lo que generalmente requiere que el tamaño del cable aumente.

Si planea tener más de una cadena de módulos, combínelos en paralelo dentro de una caja combinadora cerca de los módulos. La corriente máxima de salida FV establece cuál debe ser el tamaño del conductor desde la caja del combinador hasta el controlador de carga. Encuentre la suma de la corriente total de cortocircuito para cada una de las cadenas y multiplíquelas por 1.25. Por ejemplo, si tiene dos cadenas que van a la caja combinadora y los módulos tienen un Isc nominal de 8.41 A, entonces la corriente máxima de la fuente FV es (8.41A + 8.41A) * 1.25 = 21.0A.

El circuito FV debe tener dispositivos de protección contra sobrecorriente (OCPD), como fusibles o interruptores automáticos (*breakers*), que protegerán los componentes de su circuito. Normalmente, deberá ser un 125% más alto que el Imax de todos los módulos fotovoltaicos.

$$OCPD = Imax \times 1.25 = 21.0\,A \times 1.25 = 26.3\,A$$

Circuito de entrada de la batería

El cable utilizado entre las baterías suele ser el cable más grande de su sistema, ya que las baterías mueven una gran cantidad de corriente a bajo voltaje. Además, puede estar expuesto a altas temperaturas, ácido sulfúrico y gas de hidrógeno, por lo que necesita un conductor de suficiente calibre y un aislamiento adecuado para ese ambiente. Para un conjunto de baterías de 12-48V con más de 100Ah de capacidad, por ejemplo, el calibre del cable podría ser de 2/0 a 4/0 AWG, lo que equivale a 70 a 120 mm² de sección transversal. Suponiendo que la distancia es inferior a 3 metros (10 pies), una corriente máxima de 175A es adecuada para conductores 2/0 AWG y una corriente máxima de 250A es adecuada para conductores 4/0 AWG. Los cables de automóviles o de soldadura están diseñados obviamente para un propósito diferente, pero, en este caso, podrían ser suficientes para su sistema. Además, es fácil trabajar con los cables de soldadura porque están hechos de alambres delgados finamente trenzados, lo que los hace muy flexibles.

Es importante usar conectores de terminales de anillo apropiados y aplicar la compresión de instalación correctamente. Apriete la tuerca en el terminal del cable según las especificaciones de la batería. Los terminales de cable o engarces más duraderos están hechos de cobre. (Es posible usar terminales de acero y aluminio, pero se corroerán rápidamente debido a los diferentes metales en contacto). Use conectores de extremo cerrado, ya que los de extremo abierto permitirán que la corrosión entre en los hilos del cable.

TERMINALES CERRADOS

Los cables mal engarzados pueden provocar chispas o cortocircuitos. Combine eso con un entorno que contenga gas hidrógeno de baterías húmedas de ácido-plomo, y tendrá una situación extremadamente peligrosa. Compre los cables de la batería preinstalados con terminales precortados a medida, o compre una herramienta de engarce o compresión (crimpadora) de alta calidad diseñada para ese conector y calibre de cable en particular.

EJEMPLO DE UN BUEN CRIMPADO

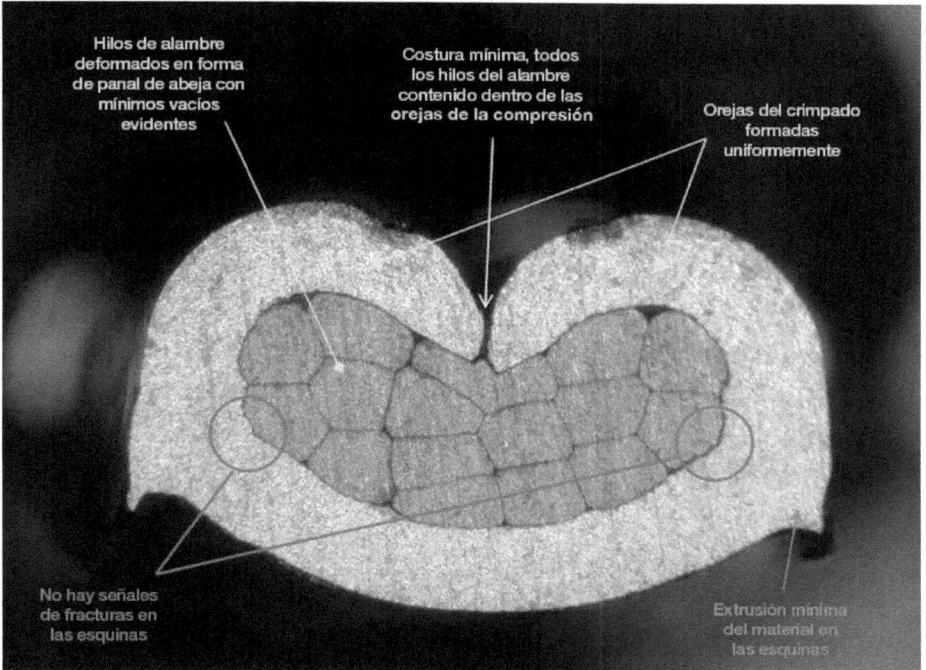

Hilos de alambre deformados en forma de panal de abeja con mínimos vacíos evidentes

Costura mínima, todos los hilos del alambre contenido dentro de las orejas de la compresión

Orejas del crimpado formadas uniformemente

No hay señales de fracturas en las esquinas

Extrusión mínima del material en las esquinas

Fuente: Sección transversal de una buena conexión a compresión F, ETCO Incorporated

Circuito de salida del inversor

La salida del inversor puede conectarse directamente a su equipo eléctrico de CA, o puede conectarse a un centro de carga que distribuye la electricidad a los circuitos derivados. La salida del inversor es 220-240V o 100-127V, según el diseño de su sistema. Con un voltaje más alto en el lado de CA del circuito, la corriente es menor para la misma cantidad de potencia, lo que permite tamaños de cable más pequeños o tramos más largos. Esto facilita la distribución y ramificación de los cables y la distribución a las cargas de uso final.

Lo más probable es que necesite cables de calibre entre 14 a 10 AWG (2.5 a 6.0 mm²) para un sistema de 120 Vac. Los mismos cálculos que determinan la corriente máxima para el circuito fotovoltaico y el circuito de la batería se aplican al lado de CA del sistema, y recuerde mantener la resistencia al mínimo. Si usa un cable delgado para una gran distancia desde su inversor, entonces la resistencia aumentará, lo que provocará una caída de voltaje. Si el voltaje cae demasiado, es posible que los aparatos de consumo eléctrico no funcionen correctamente. Lo ideal es que se asegure de que la caída de voltaje en el circuito de salida del inversor nunca exceda el 5% para los circuitos derivados y el 3% para los circuitos de alimentación. Los circuitos de alimentación están cerca de la fuente de energía y transportan toda la carga del sistema, mientras que los circuitos derivados son subcircuitos del sistema que proporcionan una potencia más baja que el sistema completo.

Dispositivos de protección contra sobrecorriente

Un dispositivo de protección contra sobrecorriente (OCPD) protege a un circuito que experimenta una oleada inusualmente alta de corriente debido a una sobrecarga, un cortocircuito o una falla de conexión a tierra. A menudo se olvida que los OCPD están ahí para proteger a los conductores, no al equipo. Por lo general, los aparatos electrónicos tienen fusibles internos para protegerlo de las corrientes de alta tensión. Los OCPD son el requisito más fundamental en cualquier sistema eléctrico y están diseñados para proteger de lo siguiente:

- Un **sobrecarga** es una situación en la que se usa equipo y se excede la capacidad nominal del circuito.
- Un **cortocircuito** es una conexión eléctrica no intencional entre dos conductores que transportan corriente y acortan la trayectoria en un circuito.

- Una **falla a tierra** es una conexión eléctrica no intencionada entre un conductor no conectado a tierra de un circuito y el conductor de puesta a tierra o cualquier otro componente metálico como la estructura del sistema.

Los OCPD comunes, como los fusibles o los interruptores automáticos, desconectan el circuito cuando las corrientes exceden su capacidad nominal durante un período de tiempo dado. Los **fusibles** ya no funciona después de "fundirse" por una sobrecarga eléctrica. Deberá reemplazarlos por uno nuevo cada vez que se produzca una sobrecarga repentina. Sin embargo, los **interruptores automáticos** se pueden reutilizar y se usan comúnmente como un dispositivo de desconexión, ya que se pueden encender y apagar como un interruptor sin necesidad de reemplazo.

Para que cualquier OCPD funcione correctamente, debe tener una capacidad nominal igual o menor que el conductor al que está conectado. Los OCPD protegen los conductores; no necesariamente harán algo por otros equipos en el sistema. Dicho esto, algunos equipos tienen protección contra sobrecorriente incorporada para proteger sus componentes internos. A pesar de esa protección, cualquier conductor que se conecte a los componentes de su sistema aún necesitará un OCPD. Al comprar su OCPD, asegúrese de hacer coincidir el tipo de terminación y el rango de calibres de cable con el diseño de su sistema.

Cajas combinadoras y medios de desconexión

Siempre que tenga conexiones paralelas, necesitará una manera de pasar de muchos cables a pocos cables. Por ejemplo, si tiene 3 cadenas de módulos FV y solo una entrada FV en su controlador de carga, ¿cómo terminará la instalación de los cables si no hay espacio para conectarlos? En este caso, necesita reducir 3 cables positivos y 3 negativos para solo una ranura positiva y una negativa. Usar conectores de terminales con puentes, barras colectoras o bloques terminales es una forma de unir varios cables entre sí. Pero también necesitará una caja para proteger las conexiones del entorno exterior.

Una **caja combinadora** no es más que un lugar para unir de forma segura las conexiones paralelas de conductores. Tiene un orificio con abrazaderas herméticas para que los cables entren y tengan alguna forma de combinar los conductores, como terminales montados en un riel DIN o barras colectoras para los conductores positivos y negativos. Por lo general, también hay algunos OCPD o un interruptor para desconexión dentro de la caja.

Un **medio de desconexión** es un dispositivo que abre el circuito para detener el flujo de electricidad. Le permiten aislar el equipo en caso de emergencia, reparación o mantenimiento. A veces, una caja combinadora también puede funcionar como un medio de desconexión. El arreglo FV y las baterías deben tener cada una su propio medio de desconexión: un interruptor o interruptor automático. Otras fuentes de energía, como un generador, también deben tener un medio de desconexión, pero a veces estos tienen un interruptor de encendido/apagado incorporado.

Conexión a tierra

Hay muchas cosas que pueden salir mal con un sistema autónomo de energía. La conexión a tierra de los equipos es una especie de garantía de seguridad para cuando algo sale mal. Todos los componentes eléctricos deben estar conectados eléctricamente con puesta a tierra, es decir, con conexión a tierra en caso de que alguna parte de los componentes del sistema se energice. La conexión a tierra reduce la posibilidad de descargas eléctricas, permite que el OCPD se dispare en caso de un cortocircuito y también puede proteger el sistema contra los rayos.

Un sistema FV con una puesta a tierra adecuada conecta eléctricamente todas las partes que pueden ser conductoras de electricidad (cualquier parte metálica), por lo que tienen el mismo voltaje potencial en comparación con la tierra. El marco del módulo, la estructura de montaje, los conductos, las cajas metálicas y todos los demás equipos metálicos deben conectarse eléctricamente con un conductor de cobre o plata lo suficientemente grueso como para manejar una oleada del OCPD en línea con él.

El equipo que compre tendrá manuales de instrucciones con recomendaciones sobre cómo conectar a tierra su sistema correctamente. Por lo general, conectaría el cable de conexión a tierra al bloque de terminales de conexión a tierra en la caja del interruptor de circuito de CC, y luego conectaría un cable más grande a una varilla de puesta a tierra o alguna otra fuente de conexión a tierra, como una tubería de agua subterránea. El conductor negativo debe conectarse a la protección de falla de conexión a tierra o al bloque de terminales de conexión a tierra entre la batería y el controlador de carga. Es importante que la conexión a tierra del conductor negativo ocurra en un solo lugar; de lo contrario, el potencial de voltaje diferirá a lo largo del sistema, anulando el propósito original de unir el sistema.

Protección contra rayos

En el planeta caen cien rayos cada segundo, cada golpe con más de mil millones de voltios, más de 100 000 amperios y temperaturas de hasta 30 000 °C. Los rayos pueden no ser una preocupación importante en todas las regiones, pero si hay una tormenta eléctrica incluso solo algunas veces al año, considere el uso de dispositivos de protección contra rayos. Si bien no están diseñados para evitar que los rayos golpeen, estos dispositivos hacen que viajen por un camino predeterminado para minimizar el daño. Ningún sistema está completamente protegido contra daños por rayos, pero los dispositivos correctos pueden disminuir las posibilidades de que los rayos causen un daño significativo.

El primer paso para protegerse de los rayos es tener un sistema eléctrico y una estructura de montaje FV debidamente conectada a tierra. Un sistema de puesta a tierra resistente descargará la electricidad estática acumulada y evitará la atracción de rayos. Los fusibles e interruptores de su sistema no ofrecen protección contra los rayos, ya que no están diseñados para protegerlos de ellos y no pueden fundirse ni dispararse lo suficientemente rápido. Pero todos los componentes con capacidad de conducción eléctrica deben estar unidos, y todas las vías eléctricas deben compartir una puesta a tierra. En general, es aconsejable tener solo una varilla o barra de puesta a tierra, ya que múltiples varillas proporcionarían múltiples caminos para el voltaje residual luego del golpe de un rayo.

Las varillas de puesta a tierra se deben conducir bajo tierra a 2,5m como mínimo. De lo contrario, debe usarse un anillo de puesta a tierra o un conductor enterrado para proporcionar de manera suficiente una trayectoria a tierra de baja resistencia. Las varillas de puesta a tierra necesitarán más área de superficie en la tierra en climas secos debido a la resistencia excesiva, por lo que deberán instalarse con mayor profundidad que en climas húmedos.

Si determina que la protección contra rayos es necesaria para su sistema, deberá instalar supresores de pico o descargadores de sobretensión y/o un condensador de sobretensión. Estos dispositivos absorben las sobretensiones eléctricas de los rayos. (Por supuesto, no pueden proteger su equipo a menos que todo el sistema cuente con una puesta a tierra adecuada).

Los supresores de picos se fijan a un cable con una conexión a tierra paralela. Si un rayo golpea el alambre, la gran descarga eléctrica saltará a la abrazadera del supresor de pico, preferirá la ruta a través del supresor y llegará a tierra. Un condensador de sobretensión también puede proporcionar protección pero actúa considerablemente más rápido que un supresor.

El daño por rayos ocurre con más frecuencia cuando un arreglo FV o un generador está ubicado lejos del resto del sistema eléctrico, ya que la larga trayectoria de los conductores podría convertirse en un camino para el rayo. Por lo tanto, con cualquier recorrido de más de 40 metros use un supresor de picos en ambos lados. Use un supresor de picos de CC en la entrada fotovoltaica cerca del controlador de carga. También se debe agregar un supresor de CA para proteger el inversor. Si utiliza un generador, es recomendable instalar tanto un supresor de picos de CA como un condensador de sobretensión.

En lugares con rayos frecuentes, los pararrayos pueden disipar la carga estática hasta el suelo. Pueden ayudar a prevenir un impacto y también proporcionar un camino alternativo a tierra.

Selección de montaje FV

Antes de elegir su sistema de montaje fotovoltaico, asegúrese de que esté diseñado para sus cargas de viento y nieve. Si tiene cargas de viento o nieve significativamente altas, es posible que deba reforzar el sistema de montaje para aumentar la resistencia. Esto se podría hacer reduciendo la longitud de los espacios entre las vigas, reduciendo las longitudes de los voladizos y utilizando bases más profundas para un montaje en el suelo o más accesorios de fijación para un montaje en el techo. Si no está seguro y no quiere pasar mucho tiempo haciendo los cálculos, prefiera construir de más o contratar a un ingeniero estructural con licencia para practicar en su localidad. Los materiales del montaje FV pueden ser baratos en relación con todo el proyecto.

Además, asegúrese de que su sistema de montaje FV esté diseñado para el nivel de corrosión en su área. Los entornos altamente corrosivos incluyen climas marinos, costeros y húmedos, así como áreas con procesos industriales importantes, como una localidad cerca de una fábrica. Si se encuentra en un entorno corrosivo, asegúrese de utilizar todos los componentes de aluminio y acero inoxidable. Asegúrese de que los componentes con acero dulce tengan un revestimiento galvanizado lo suficientemente grueso como para durar al menos 25 años. Es posible que los recubrimientos o pinturas básicos de pre-galvanización no duren lo suficiente en su área Si se corta alguna parte del acero galvanizado, asegúrese de rociar los extremos con un compuesto de galvanizado. Dado que la estructura es tan pequeña y sensible a la corrosión, siempre que sea posible, debe obtener acero inoxidable.

Tipos de estructura de montaje

Arreglo FV montado en suelo

Los arreglos FV pueden montarse sobre una estructura, como un tejado, o montarse en un bastidor unido al suelo. Lo ideal es que los arreglos se instalen en un lugar con la protección adecuada y el máximo acceso solar. El tejado puede ser el primer lugar donde piense colocar los paneles solares, pero para los sistemas fuera de la red eléctrica, a menudo hay terreno abierto disponible para un sistema de montaje en tierra o a nivel del suelo, como también se conoce este tipo de instalación.

Siempre que haya espacio suficiente, los sistemas montados en el suelo tienen muchas ventajas sobre un montaje en el techo. Los montajes en tierra no requieren cuerdas de escalada o de seguridad para la instalación y no requieren mover equipo pesado hacia arriba y hacia abajo por las escaleras. Además, los sistemas de techo pueden traer problemas de goteras por la penetración en la membrana del techo. Los montajes de suelo generalmente tienen más flujo de aire debajo, esto hace que los módulos puedan operar a temperaturas más bajas y alcanzar un mejor rendimiento. Los montajes de suelo también permiten casi cualquier ángulo de inclinación y azimut, y pueden diseñarse para ser ajustables para un mejor rendimiento anual. Finalmente, tener los módulos más cerca del suelo permite un acceso más fácil para la limpieza y disminuye la incidencia del viento a altas velocidades.

Hay una variedad de formas de anclar la estructura de un sistema montado en el suelo: con placas de hormigón, montajes de lastre (no se requiere penetración en el suelo), pilotes vigas o tuberías de acero hincadas, y tornillos de tierra (pilares helicoidales). Con todas estas opciones, la más común para un sistema de energía solar aislado de tamaño pequeño a mediano es una placa o plataforma de concreto para formar la estructura base a la que se unirán los componentes de la instalación.

Para un sistema montado sobre poste, considere una placa de hormigón profunda, similar a la de una base de concreto para cerca. Siga las instrucciones para mezclar el concreto, ya que si tiene demasiada o muy poca agua puede reducir la resistencia. Cavar un agujero y colocar el concreto en el suelo agrega fuerza adicional de la fricción del suelo alrededor de la base. Con los pilares de concreto sobre el suelo, se necesita más concreto para la misma cantidad de resistencia a un posible vuelco o derrumbamiento.

PARTE SUPERIOR DEL ARREGLO SOLAR SOBRE UN POSTE

Para estructuras más grandes, necesitará verter una cimentación de concreto con cabillas de refuerzo. Estas placas pueden correr de norte a sur y no necesitan ser profundas. Incluso puede usar moldes de concreto y hacer esto sobre el suelo, algo así como un sistema de lastrado pero vaciado en su lugar.

Montaje del arreglo FV en el techo

Cuando no hay espacio o problemas significativos con sombras en el suelo, el montaje en techos tiene su propio conjunto de ventajas que vale la pena considerar. Si la electricidad solo se usará en su hogar y las baterías también se almacenarán allí, entonces lo mejor sería una instalación solar en el techo. Así se mantiene el arreglo cerca de donde se almacena y consume la energía, lo que permite extensiones de cable más cortas y menos pérdidas de producción debido a la resistencia. Además, el costo del montaje es generalmente más barato para los arreglos de techo.

Si su techo es plano, entonces la estructura deberá inclinar los módulos hasta un mínimo de 5 grados, pero si el techo ya tiene una inclinación, verifique que sea apropiado para los requisitos de producción de energía del sistema. Todos los pequeños sistemas fotovoltaicos de techo necesitan fijación mecánica a la superficie del techo, lo que significa que tendrá que hacer orificios en el techo. Si se hace de forma incorrecta, la penetración de la membrana del techo puede convertirse en un camino para que el agua ingrese a su techo y dañe su estructura. El daño por agua ocurrirá muy lentamente, incluso si no observa una gotera durante años. Siga las instrucciones del fabricante de los materiales de la estructura sobre cómo sellar el techo para garantizar la fiabilidad a largo plazo.

Un sistema típico de montaje en el techo tiene un accesorio de poste con un tornillo tirafondo largo que se unirá a una viga o una correa debajo de la cubierta del techo. No se aconseja la fijación a la cubierta del techo solamente. Es necesario instalar tapajuntas y un sellador apropiado sobre la fijación de la base para reducir la posibilidad de una fuga. Luego, los rieles se unen al accesorio de poste, lo que crea un plano de montaje contiguo donde los módulos se pueden unir con espacio para ajustar. Finalmente, las prensas o abrazaderas del módulo se utilizan para asegurar los módulos al riel. Vea el diagrama para más detalles. En un techo plano, los accesorios de los postes tendrán que tener diferentes longitudes para permitir que el arreglo FV se incline.

La vista de la sección a continuación es un diseño de techado común en Norteamérica para viviendas residenciales. Normalmente es una construcción de marco de madera donde las vigas están separadas a 16 pulgadas (406mm) en el centro. Debido a que las vigas están debajo de la cubierta del techo, debe encontrarlas para colocar sus tornillos tirafondo. Una vez que encuentre una viga de soporte, generalmente puede medir unas 16 pulgadas para encontrar la siguiente.

VISTA DE LA SECCIÓN DEL ARREGLO FV SOBRE VIGAS INCLINADAS EN EL TECHO

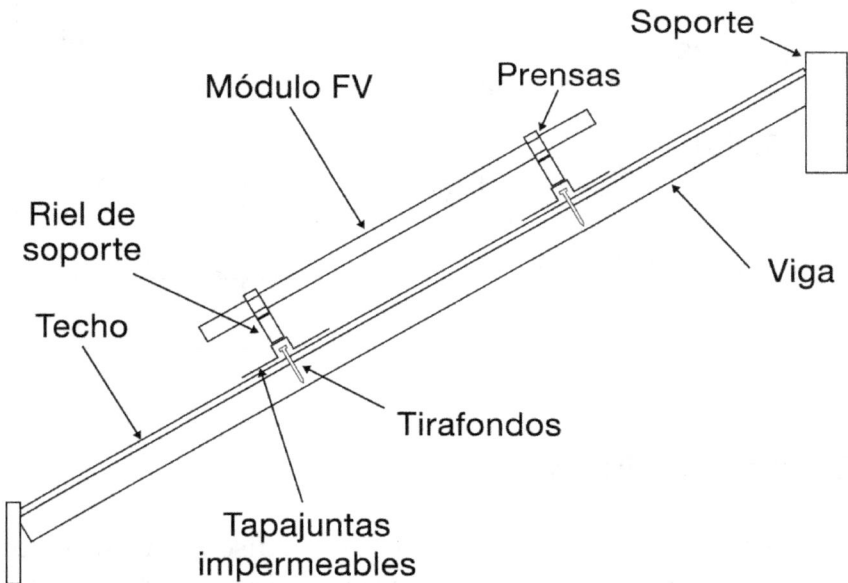

Otro diseño de techos utiliza cerchas. La vista en sección a continuación es más común en países en desarrollo o en estructuras más grandes. Por lo general, es un marco de madera o acero donde las cerchas están más separadas (generalmente entre 90 y 120 cm o 1 metro) que las vigas que mencioné en el ejemplo anterior. La cubierta del techo podría ser de acero corrugado o contrachapado. Con un diseño de cercha, hay menos ubicaciones para sujetar el soporte posterior de la estructura, lo que puede crear desafíos para la disposición del módulo FV. Asegúrese de evaluar las dimensiones del techo y diseñe las ubicaciones de los accesorios de su arreglo fotovoltaico de antemano.

VISTA DE LA SECCIÓN DEL ARREGLO FV SOBRE TECHO CON CERCHAS

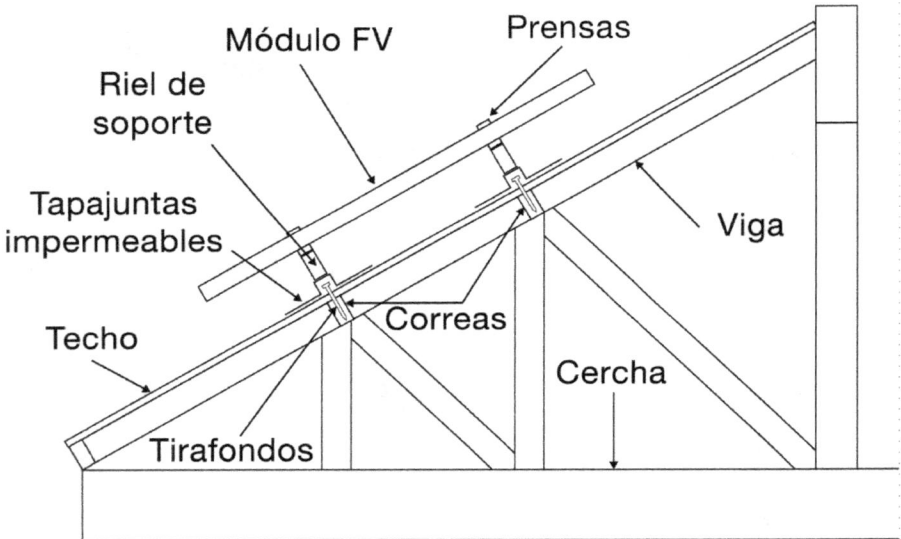

Estructura ajustable

Con sistemas FV aislados, es aconsejable diseñar un sistema de montaje ajustable para mejorar la producción. Ya que es mejor que la energía solar se consuma directamente cuando se produce, intente apuntar el generador FV a la orientación óptima. ¡El seguimiento del sol puede aumentar la producción hasta de 5 a 30%! Sin embargo, el sol es un objetivo en movimiento y es posible que no necesite energía extra, por lo que maximizar la producción no siempre es necesario. Esto solo es útil si su perfil de carga puede beneficiarse de la energía adicional. La estructura ajustable puede proteger las baterías cuando necesita maximizar su producción de energía durante los días nublados y los meses de invierno.

La estructura ajustable puede cambiar el ángulo de azimut, el ángulo de inclinación o ambos. Ajustar solo el ángulo de inclinación aumenta el rendimiento de forma estacional. Ajustar manualmente el ángulo de inclinación una vez cada 3-6 meses es muy práctico y requiere poco esfuerzo por parte del usuario. Por otra parte, no es práctico ajustar el ángulo de azimut manualmente a diario.

Los sistemas de seguimiento más complejos tienen motores con capacidades de eje único o doble. Estos son relativamente caros y no recomendaría uno a menos que tenga un gran arreglo FV (de más de 30 kW). Los tipos más simples de sistemas de seguimiento motorizados giran la estructura alrededor del eje perpendicular al suelo. (Para hacerse una idea, imagine un arreglo montado sobre un poste que gire alrededor del polo vertical). Un rastreador motorizado como este podría ser útil en un sistema fotovoltaico aislado más pequeño.

Los seguidores solares pasivos son otra opción para rastrear el sol. No requieren motores ni electricidad para orientar los módulos fotovoltaicos y pueden ser más prácticos que los seguidores motorizados para sistemas más pequeños. Los seguidores pasivos tienen una cámara de líquido en cada lado del arreglo. Si una cámara del lado se calienta más que la otra, el líquido se evapora y desplaza el peso del rastreador hacia el otro lado, girando la estructura hacia el sol en el proceso. Sin embargo, hay algunas limitaciones. Por ejemplo, el arreglo puede tardar más en "despertarse" durante los meses más fríos del invierno. Además, el arreglo terminará cada día apuntando hacia el oeste, pero para despertarse por la mañana debe girar la distancia completa hacia el este. Los seguidores pasivos son una buena opción para sistemas fotovoltaicos montados en poste de tamaño pequeño o mediano, pero pueden no ser rentables para sistemas pequeños con solo unos pocos módulos fotovoltaicos. La imagen de la parte superior del arreglo fotovoltaico montado en poste unas cuantas páginas atrás es un ejemplo de un rastreador pasivo. Además, vea la imagen siguiente.

RASTREADOR PASIVO

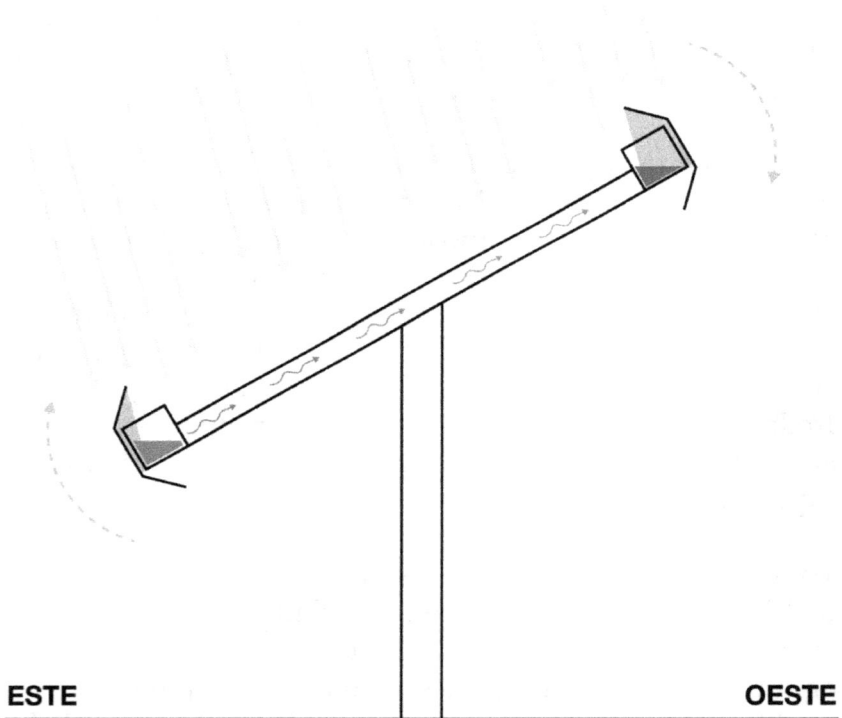

ESTE — OESTE

Finalmente, si desea mantener su sistema simple pero aún tiene algunas opciones para el ajuste de inclinación, existen sistemas de inclinación manual ajustables para sistemas de montaje en poste o en otra estructura de montaje. Ajustar manualmente el ángulo de inclinación o el azimut de vez en cuando puede ayudar si su perfil de carga cambia a lo largo de una temporada. Cada sistema es diferente, pero generalmente hay un pestillo del que se puede tirar para ajustarlo a otras posiciones. Algunas estructuras de inclinación ajustables utilizan un taladro inalámbrico para girar el bastidor y ajustar el ángulo de inclinación. Al ajustar solo el ángulo de inclinación de un arreglo FV, debe esperar un aumento de rendimiento de hasta un 5 a 7%.

Durante la última década, el costo de la energía solar ha disminuido significativamente y ha hecho que el costo adicional de los sistemas de seguimiento sea menos rentable. Asegúrese de evaluar los ahorros en costos del sistema contra el costo adicional de la instalación de la estructura y el mantenimiento requerido.

Montaje de los módulos

La forma más común de montar módulos FV es con las abrazaderas de módulo que sujetan el marco del módulo al riel inferior. Las prensas de fijación se aprietan en un riel de acero o aluminio y se pueden ajustar a lo largo del riel. La capacidad de ajuste es muy buena en caso de que todas las partes no coincidan perfectamente. Los marcos de los módulos vienen en diferentes tamaños, por lo que no todas las abrazaderas funcionan para todos los tipos de módulos. Algunas prensas de fijación tienen dientes que cortarán la capa anodizada en el marco del módulo y lo inmovilizarán en el sistema de montaje. Esto es útil porque hace la conexión a tierra del sistema al apretar las prensas.

Los módulos FV también tienen agujeros de fijación en la parte posterior del marco, que puede usar para fijarlo a los soportes o rieles de montaje. Los diferentes fabricantes pueden colocar agujeros de fijación en diferentes lugares, así que asegúrese de que los módulos sean compatibles con el sistema de montaje antes de comprarlos. Las prensas de fijación de los módulos solo funcionan desde la parte superior del módulo, por lo que los agujeros de montaje son una mejor opción cuando desea conectar los módulos desde debajo del sistema de la estructura.

Consideraciones sobre el herraje

El gripaje o **gripado de tuercas** (también conocido como soldadura en frío) puede ocurrir si utiliza todos los herrajes de acero inoxidable para la protección contra la corrosión y al fijar con un taladro eléctrico. Esto provocará que las tuercas y los tornillos se agarroten, de modo que sea imposible apretarlos o aflojarlos. Esto sucede cuando dos metales similares se encuentran en condiciones de alta presión o alta temperatura y las superficies deslizantes se adhieren entre sí. Si esto sucede durante su instalación, su única opción es obtener una sierra para metales, cortar el tornillo y reemplazarlo por uno nuevo. Para evitar el gripado en el herraje, puede usar diferentes aleaciones para los tornillos y tuercas o puede usar un poco de lubricación "antiadherente" en los tornillos antes de apretar las tuercas.

Si la seguridad es una preocupación, considere usar herraje a prueba de manipulaciones que requiera de brocas especiales para apretar el herraje, de modo que sea muy difícil de quitar. He visto circunstancias en las que las personas usan cemento para asegurar en su lugar los módulos fotovoltaicos. No recomiendo hacer esto porque sumergir los marcos de aluminio del módulo FV en concreto puede provocar la corrosión del aluminio.

Debido al ciclo térmico entre las temperaturas cálidas y frías, el herraje puede aflojarse con el tiempo. Este es un problema sorprendentemente común con las estructuras personalizadas, especialmente si se usa un herraje inadecuado. Considere usar tuercas de seguridad con brida, arandelas de seguridad o adhesivo de unión para las tuercas.

Manejo del cableado

La consideración de los cables colgantes debajo de los paneles solares a menudo se puede descuidar hasta el final de un proyecto. Cuando compre el sistema de montaje, también compre ganchos o clips para cables que se adhieran al marco del módulo o a los rieles de la estructura de montaje. Los ganchos para cables sujetarán los cables debajo de los paneles solares, ocultándolos del sol y de la vista. Muchas personas usarán cintas plásticas sujetacables, que son mejores que nada, pero la mayoría de las cintas plásticas se romperán dentro de unos años por la exposición al sol y al clima. Si debe usar las cintas plásticas, seleccione las más gruesas que pueda encontrar y que además contengan un inhibidor de UV y use muchas de ellas en caso de que alguna se rompa antes.

Ya sea sujetando los cables con bridas o con clips, asegure siempre los cables para que no entren en contacto con los bordes afilados. Los componentes del montaje y los cables se expandirán y contraerán debido a los ciclos térmicos, por lo que puede ser imperceptible, pero está sucediendo. Si los cables están apretados contra un borde afilado, el aislamiento podría romperse, exponiendo el alambre conductor al sistema de montaje y terminando en un cortocircuito o incendio.

Si está utilizando un sistema de seguimiento o un sistema de estructura ajustable, asegúrese de que el cableado no se rompa por el movimiento hacia adelante y hacia atrás y el desgaste. Además, tenga cuidado de que este movimiento cíclico no tire lentamente del cable de sus conexiones. El uso de conectores de protección contra tirones ayudará si esto ocurre, pero el cableado debe estar firme para que no se deslice a lo largo del borde.

Selección de la caja eléctrica

Todos los componentes eléctricos de su sistema deben estar protegidos contra objetos extraños (como suciedad y plagas), lluvia, humedad y otros peligros naturales que pueden provocar un cortocircuito o aumentar la corrosión. El armario o caja que elija debe tener características que se adapten a las condiciones en las que se utilizará. ¿Estará en interiores o exteriores? ¿Estará expuesto a las tormentas o la humedad? Resolver cualquier potencial problema antes de la ejecución ayudará a evitar que ocurran, o al menos minimizará cualquier daño. Mantener el agua fuera de los equipos eléctricos es la prioridad principal para la caja y puede ser bastante difícil.

El agua puede entrar en una caja eléctrica de dos maneras: por la lluvia que busca entrar a través de una ranura o por la condensación de humedad dentro del interior grande y fresco de la caja. Si existe la posibilidad de que ingrese agua, especialmente en lugares húmedos, taladre un orificio de drenaje de 6mm en la parte inferior para permitir que salga el agua acumulada. Todos y cada uno de los equipos al aire libre requerirán conductores a prueba de agua, conectores de cables herméticos y prensacables herméticos para los orificios de entrada a la caja.

Asegúrese de comprar equipos con la calificación ambiental adecuada. De lo contrario, es posible que deba instalar su equipo dentro de otra caja más grande. Esto es costoso y agrega nuevos posibles problemas. Por ejemplo, supongamos que compra un inversor con calificación para interiores y lo coloca dentro de una caja eléctrica con calificación para exteriores. En un lugar soleado se pondrá muy caliente. Debido a que la caja es relativamente pequeña y tiene muy poco movimiento de aire, esto puede hacer que el inversor se sobrecaliente y funcione mal. Hubiera sido mejor comprar un inversor clasificado para exteriores, de modo que pueda ventilar el calor lejos de la electrónica.

Protección contra ingreso

El **código IP**, **marcado de protección internacional**, a veces interpretado como **marcado de protección de ingreso** (Norma IEC 60529), clasifica y califica el grado de protección provisto contra la intrusión (de partes del cuerpo como manos y dedos), polvo, contacto accidental y agua a través de carcasas mecánicas y cajas eléctricas. Normalmente, una caja o pieza de equipo tendrá un Código IP o Clasificación IP.

El código IP tiene dos dígitos numéricos. El primer dígito indica el nivel de protección que brinda el gabinete contra el acceso a partes peligrosas, como conductores eléctricos, piezas móviles y la entrada de objetos sólidos extraños, como dedos. El segundo dígito indica el nivel de protección que proporciona la caja contra la entrada de agua. A medida que aumentan los números en el código IP, también aumenta el nivel de protección.

Por ejemplo, un tomacorriente eléctrico interior con una clasificación de IP22 protege contra choques eléctricos al insertar su dedo (primer dígito) y evita el riesgo por agua que gotee verticalmente (segundo dígito). Pero un teléfono celular con una clasificación IP de IP68 es resistente al polvo y puede sumergirse a 1.5 metros bajo agua dulce por hasta 30 minutos.

Consulte la siguiente tabla para obtener una descripción más detallada de las especificaciones del Código IP.

DEFINICIÓN DE CÓDIGO IP

Nivel señalado	Primer dígito: Protección contra partículas sólidas, eficaz contra	Segundo dígito: Protección contra el ingreso de líquidos, protección contra
X	No hay datos disponibles para especificar una clasificación de protección con respecto a estos criterios.	No hay datos disponibles para especificar una clasificación de protección con respecto a estos criterios.
0	Sin protección contra el contacto ni entrada de objetos.	Ninguna
1	> 50 mm	Gotas de agua
2	> 12.5 mm	Gotas de agua cuando se inclina a 15 °
3	> 2,5 mm	Rocío de agua
4	> 1 mm	Salpicaduras de agua
5	Protegido contra el polvo	Chorros de agua
6	A prueba de polvo	Chorros de agua potentes
6K		Chorros de agua potentes con presión.
7		Inmersión, hasta 1 m de profundidad.
8		Inmersión, 1 metro o más de profundidad.

El grado de protección IP es un código reconocido a escala internacional, y si un producto tiene una calificación significa que ha sido probado para cumplir con estos estándares. La clasificación de IP es muy similar a otra norma para cajas eléctricas utilizadas en Norteamérica llamada NEMA.

Tipos de cajas NEMA

La Asociación Nacional de Fabricantes Eléctricos (NEMA, por sus siglas en inglés) define los tipos de cajas protectoras según su uso, y existen tres tipos que se usan comúnmente para proyectos solares. La **NEMA tipo 1** está diseñada para uso en interiores solamente y proporciona la protección más básica. La **NEMA tipo 3R** está diseñada para uso en exteriores y es buena para protección contra tormentas y objetos extraños y, al mismo tiempo, permite ventilación. Por su ventilación, no retiene humedad. **NEMA Tipo 4X** también está diseñada para uso en exteriores, pero ofrece una mejor protección contra la humedad ya que está sellada.

Si está usando baterías de ácido-plomo, no las selle dentro de una caja NEMA 4X. No se ventilarán adecuadamente, posiblemente atraparán gases explosivos, generando una situación muy peligrosa. Hay algunas cajas diseñadas para que los componentes electrónicos estén en una sección NEMA 4X y las baterías estén en una sección NEMA 3R dentro de la misma caja. Esta es una buena opción si desea comprar una sola caja para todos sus componentes electrónicos y las baterías.

Las siguientes definiciones de NEMA 250-2003 se basan en el uso de la caja:
- **NEMA tipo 1**: Cajas construidas para uso en interiores que brindan un grado de protección al personal contra el acceso a partes peligrosas y aportan un grado de protección contra la entrada de objetos extraños sólidos (caída de suciedad) al equipo dentro de la caja.
- **NEMA tipo 3R**: Cajas construidas para uso tanto en interiores como exteriores, brindan un grado de protección al personal contra el acceso a partes peligrosas; proporcionan un grado de protección del

equipo dentro de la caja contra la entrada de objetos extraños sólidos (caída de suciedad); proporcionan un grado de protección con respecto a los efectos dañinos en el equipo por la entrada de agua (lluvia, aguanieve, nieve); y no se dañará por la formación externa de hielo sobre la caja.

- **NEMA tipo 4X**: Cajas construidas para uso en interiores o exteriores brindan un grado de protección al personal contra el acceso a partes peligrosas; proporcionan un grado de protección del equipo dentro de la caja contra la entrada de objetos sólidos extraños (polvo arrastrado por el viento); proporcionan un grado de protección con respecto a los efectos dañinos en el equipo por la entrada de agua (lluvia, aguanieve, nieve, salpicaduras de agua y agua dirigida con manguera); proporciona un nivel adicional de protección contra la corrosión; y no se dañará por la formación externa de hielo sobre la caja.

La clasificación NEMA y el código IP son calificaciones diferentes pero tienen similitudes. A continuación se muestra una tabla que muestra cómo se comparan.

NEMA EN COMPARACIÓN CON EL CÓDIGO IP

Caja NEMA	Código IP
1	IP20
2	IP22
3R	IP24
4X	IP66
6P	IP68

Cajas de bajo costo

Para cualquier sistema fotovoltaico de más de 250 vatios, recomiendo cajas de chapa metálica resistentes a la corrosión, preferiblemente las cajas aprobadas por la NEMA que se mencionan anteriormente. Pueden ser costosas, pero protegerán los equipos más sensibles de su sistema FV.

Si está diseñando un sistema más pequeño, considere reutilizar una caja de plástico como una caja de herramientas. Las sierras circulares cortan huecos redondos para sujetadores de cordón de nailon y respiraderos para flujo de aire. No se recomiendan las cajas de madera, ya que es probable que no disipen la humedad ni duren mucho tiempo. En cualquier caso, no son tan prácticas como una caja de herramientas de plástico.

Selección de potencia secundaria

Las instalaciones solares autónomas pueden ser muy confiables la mayor parte del tiempo, pero siempre existe la posibilidad de que el sol no brille. Diseñar su sistema para que funcione el 100% del tiempo puede ser poco práctico para algunas situaciones, especialmente en zonas que tienen inviernos largos y oscuros. La mejor solución para esos tipos de sitios es incluir una fuente de potencia secundaria, como un generador, energía eólica o energía hidroeléctrica.

Generador

A pesar del alto costo del combustible por el uso continuo, la gran producción eléctrica de los generadores puede ser muy útil. Esto es particularmente cierto durante los meses de invierno, cuando los generadores pueden apoyar a la instalación FV para cargar sus baterías. Si tiene un generador eléctrico disponible para recargar las baterías durante los días nublados, puede reducir sus días de autonomía, reduciendo significativamente las exigencias de la batería y el tamaño del sistema FV.

Los generadores eléctricos también pueden ser útiles si planea operar ocasionalmente equipos de alta potencia, como herramientas eléctricas o maquinaria pesada, que pueden ser necesarias solo una o dos horas por mes. Bajo estas circunstancias, el uso general de la energía es bajo, pero el uso inmediato de energía es muy alto. Los generadores son muy ventajosos justo para este tipo de situaciones, gracias a su alta potencia de alimentación.

Si ya tiene un generador, puede significar un reto integrarlo correctamente con su nuevo sistema de baterías. Puede cargar las baterías manualmente con un cargador de baterías de CA a CC por separado cuando sea posible. O, si los niveles de batería bajan demasiado y el interruptor LVD del inversor desconecta la carga de las baterías, entonces puede iniciar manualmente el viejo generador para alimentar su equipo. No cargue completamente las baterías con un generador; puede dañar las baterías ya que estas están diseñadas para cargarse solo con energía solar FV.

Interruptor de transferencia automática (ATS)

La carga manual de las baterías con un generador puede ser un desafío, por lo que recomiendo diseñar un sistema donde el generador se inicie automáticamente cuando las baterías caigan por debajo de cierto voltaje. Para ello necesitará un **interruptor de transferencia automática** (**ATS**) o un **generador de inicio automático** (**AGS**), que puede comunicarse con el inversor/cargador de la batería y girar un interruptor de relé para encender el generador con un arrancador automático. El arranque de un generador, por lo general, requiere múltiples etapas para precalentarlo y ponerlo en marcha. Los ATS o AGS deben ser ajustables para satisfacer las necesidades de su generador en particular. A veces, el AGS requerirá una señal de ejecución del generador para que el generador cargue el banco de baterías.

Si planea comprar un nuevo generador para su instalación solar aislada, asegúrese de que el generador y el inversor sean compatibles. Necesita obtener un inversor que se comunique correctamente con un ATS o que tenga un accesorio AGS, para que pueda activar automáticamente el generador cuando el SOC de la batería esté bajo. Algunos inversores tendrán un cargador de batería auxiliar de CA que es programable con circuitos de relé para activar automáticamente un generador cuando los voltajes de la batería están bajos.

Energía eólica e hidroeléctrica

La energía solar es una extraordinaria fuente de energía para sistemas autónomos, pero en algunas circunstancias y en ciertas ubicaciones, tanto la energía eólica como la hidroeléctrica pueden ser alternativas fantásticas. Al igual que con un generador, una fuente de energía adicional ayuda a las instalaciones solares aisladas cuando los días de invierno no proporcionan suficiente energía solar para recargar las baterías. La energía eólica y la hidroeléctrica no son tan controlables como un generador, pero podrían reducir significativamente los días de autonomía en uno o dos, lo que permitiría tener un arreglo FV y un banco de baterías más pequeños. Afortunadamente, el viento tiende a soplar tanto durante la noche como durante el invierno y, en muchas regiones, el flujo de agua alcanza su punto máximo en los meses de invierno. Estas son oportunidades para producir energía renovable cuando la energía solar es menos abundante.

Explorar los beneficios y los requisitos para estos tipos de sistemas de energía requeriría otro libro completo. Si tiene acceso a otras fuentes de energía, asegúrese de comprender correctamente cómo pueden recargar sus baterías o alimentar directamente su equipo. Hay algunos inversores y controladores de carga que son compatibles con la energía eólica e hidráulica, por lo que si planea tener un sistema híbrido sin conexión a la red eléctrica, asegúrese de investigar qué equipo funcionará con todas sus fuentes generadoras de energía.

El cumplimiento de código

Antes de comenzar a diseñar su sistema, debe confirmar que cumple con el código de construcción local, lo que garantiza que no será un peligro para la seguridad. También debe confirmar el cumplimiento con el código eléctrico local.

Si no tiene en cuenta los códigos eléctricos y de construcción locales, puede anular el seguro de propiedad y generar problemas al vender la propiedad si el sistema no cumple con los requisitos. Especialmente en un área urbana es recomendable contratar un ingeniero eléctrico o un instalador solar certificado para garantizar que su sistema sea compatible y, lo más importante, ¡seguro!

Seguir la construcción local y el código eléctrico tiene ventajas adicionales. Por lo general, hay documentos de referencia que lo guían a través de los cálculos y el proceso para determinar si su sistema pasará la inspección. En lugar de adivinar lo que es importante, estos requisitos del código pueden guiarlo para tomar las decisiones correctas.

Cumplimiento del código eléctrico

El *NFPA 70: Código Eléctrico Nacional* (**NEC**) es un código estándar para la instalación segura de cableado eléctrico y de equipo en los Estados Unidos. También ha sido adoptado como el código nacional en México, Costa Rica, Venezuela y

Colombia. La edición 2017 del *NFPA 70: Código Eléctrico Nacional* tiene una sección completamente nueva sobre instalaciones solares fotovoltaicas con nuevos requisitos, como un sistema de desconexión rápida cerca del arreglo FV solar.

La **Comisión Electrotécnica Internacional** IEC 60364 se utiliza como base para los códigos eléctricos en muchos países europeos. En Australia y Nueva Zelanda la **AS/NZS 3000: 2018,** Instalaciones Eléctricas, conocidas como Reglas de Cableado, son las reglas técnicas que ayudan a los electricistas a diseñar, construir y verificar instalaciones eléctricas. Se recomienda que se familiarice con el código eléctrico local o el código más cercano al lugar donde instalará su sistema.

La mayoría de los códigos de cumplimiento eléctricos están diseñados para hacer que su sistema sea seguro y se enfocan en la prevención de cortocircuitos, fallas a tierra, arcos eléctricos, incendios eléctricos y otras consecuencias indeseables y de riesgo. El código exige múltiples maneras de desconectar el sistema ante una emergencia. Por ejemplo, si su casa está en llamas, el departamento de bomberos generalmente irá al panel principal y desconectará el panel eléctrico principal, incluidos su sistema de energía solar FV y de batería.

Los ingenieros eléctricos profesionales y los instaladores solares certificados están familiarizados con el cumplimiento del código porque son capacitados, tienen experiencia y se hacen responsables cuando un auditor local visita el sistema y verifica el cumplimiento del código. Si decide construir su sistema sin un profesional, asegúrese de familiarizarse con el código local y seguirlo como corresponde. Averigüe qué código eléctrico tiene jurisdicción en su área y compre el libro de códigos o pídalo prestado en su biblioteca local. Le garantizo que leer el libro de códigos y seguir el cumplimiento del código será una experiencia educativa y valiosa que hará que su sistema sea más confiable y mejorará sus habilidades.

Cumplimiento del código de construcción

Muchos eventos naturales pueden dañar un sistema o crear condiciones peligrosas, como el viento, la nieve, una actividad sísmica (terremoto), la corrosión o una combinación de estos factores. En los EE. UU., los estados y las localidades modelan sus códigos de construcción a partir del Código Internacional de Construcción (IBC). Para obtener más detalles sobre el diseño de su estructura, consulte el código de la Sociedad Americana de Ingenieros Civiles (ASCE).

La ASCE publica un manual que define los requisitos mínimos de diseño para las estructuras. *"Las cargas mínimas de diseño para edificios y otras estructuras, ASCE/SEI 7-10, proporcionan requisitos para el diseño estructural general e incluyen medios para determinar las cargas muertas, vivas, de suelo, de inundación, de nieve, de lluvia, de hielo atmosférico, de terremotos y de viento, así como sus combinaciones, que son adecuadas para su inclusión en los códigos de construcción y otros documentos".*

Dependiendo del material que use para la construcción, como concreto, acero o madera, hay un código de material que contiene especificaciones, requisitos y cálculos de diseño para ayudarlo a seleccionar los materiales y el tamaño adecuados. Como siempre, consulte a un ingeniero estructural con licencia donde sea requerido por la ley y si no está seguro.

Fuera de los EE. UU., la mayoría de los países tienen códigos locales, muchos de los cuales pueden basar los requisitos en un código internacional o en un lugar vecino como los EE. UU., Gran Bretaña o Europa. Si no hay códigos de construcción disponibles en su área, entonces el Código Internacional de Construcción (IBC) puede ser el código más apropiado a seguir. Asegúrese de seguir los códigos locales para garantizar que su sistema esté instalado de manera segura y que pueda soportar las condiciones climáticas locales.

Cargas de viento

La velocidad del viento y los patrones de ráfaga para su área pueden parecer pequeños en el día a día, pero debe diseñar el sistema para las peores condiciones durante su vida útil. El clima extremo puede ser inherentemente raro, pero también es inevitable. Si el sistema funcionará durante 30 años, es seguro que experimentará cargas de viento mucho más altas de lo esperado. Una gran ráfaga de viento solo debe aparecer una vez para destruir su sistema.

Un módulo solar con una superficie de 1,6 m² (17.2 pies²) en una ubicación con mucho viento puede experimentar cargas tan pesadas como 350 kg-f (772 lbs). ¡Con cuatro módulos unidos a una estructura montada sobre poste, la base podría tener una fuerza de elevación de 1400 kg-f (3088 lbs)! Necesitará construir una base y una estructura del sistema que no se rompa ni se doble debido a estas condiciones de carga por fuerzas hacia arriba, hacia abajo y laterales. Si no está seguro de qué tan fuerte debe ser su estructura, es mejor construir más de lo requerido del sistema para que sea más fuerte de lo necesario; o mejor aún, ¡consulte a un ingeniero estructural con licencia!

Cargas de nieve

La acumulación de nieve puede hacer que las estructuras solares colapsen; no solo por el peso muerto de la nieve, sino también por el peso de la nieve cuando se desliza fuera del borde, redistribuyendo el centro de gravedad sobre los paneles solares. Reducir el voladizo y la distancia entre los paneles en el sistema de montaje ayudará a garantizar que esto no suceda. Las cargas de nieve pueden ser particularmente problemáticas para las estructuras montadas sobre postes porque la estructura montada en postes debe ser lo suficientemente fuerte como para resistir la flexión causada por la fuerza excéntrica debido al deslizamiento de la nieve.

Cargas sísmicas (terremotos)

Los terremotos pueden afectar la estructura de manera impredecible. Es posible que un terremoto no agite la estructura lo suficiente como para romper los módulos solares de la estructura, pero podría causar que el cableado eléctrico se desprenda del sistema. Esto puede provocar un cortocircuito o una falla a tierra que podría convertirse fácilmente en un incendio. Asegúrese de hacer funcionar el cableado eléctrico a través de un conducto flexible entre las estructuras que pueden moverse.

Corrosión

La corrosión puede variar mucho, dependiendo de la ubicación de la instalación. Cerca del océano, la sal en el aire puede oxidar y disolver el metal. Esto compromete la resistencia de la estructura y podría oxidar el herraje, lo que hace imposible su eliminación para el mantenimiento. La contaminación generada por una fábrica o área industrial cercana también puede crear condiciones corrosivas.

¡No deje que un proveedor de material estructural le engañe! Es posible que deba comprar materiales estructurales más costosos para soportar su entorno particular. Incluso podría ser necesario adquirir todos los componentes de aluminio o acero inoxidable en entornos altamente corrosivos. Pero cuando el riesgo de corrosión es bajo, el acero con un revestimiento galvanizado o pintura puede funcionar igual de bien.

Determine la corrosividad de la ubicación del sitio y diseñe el sistema adecuadamente. A continuación hay una tabla de la Organización Internacional de Normalización (ISO) que determina la categoría y el riesgo de corrosividad. Los valores de pérdida de espesor son posteriores al primer año de exposición. Las pérdidas pueden reducirse en los años posteriores.

Para áreas costeras en zonas cálidas y húmedas, las pérdidas de masa o espesor pueden exceder los límites de la categoría C5-M. Por lo tanto, se deben tomar precauciones especiales al seleccionar sistemas de pintura de protección para estructuras en esas áreas.

CATEGORÍAS DE CORROSIÓN ATMOSFÉRICA Y EJEMPLOS DE AMBIENTES TÍPICOS (BS EN ISO 12944-2)

Categoría de corrosión y riesgo.	Pérdida de espesor en acero bajo en carbono (μmetro)	Ejemplos de ambientes típicos en un clima templado. (solo informativo)	
		Exterior	Interior
C1 muy baja	≤ 1.3	-	Edificios climatizados con ambientes limpios. Ej: Oficinas, tiendas, escuelas, hoteles
C2 baja	> 1.3 a 25	Atmósferas con bajo nivel de contaminación Mayoritariamente zonas rurales	Edificios sin calefacción donde se puede producir condensación. Ej: depósitos, recintos deportivos
C3 media	> 25 a 50	Ambientes urbanos e industriales, contaminación moderada por dióxido de azufre Zona costera con baja salinidad	Salas de producción con alta humedad y algo de contaminación del aire. Ej: plantas de procesamiento de alimentos, lavanderías, cervecerías, centrales lecheras
C4 alta	> 50 a 80	Zonas industriales y zonas costeras con salinidad moderada	Plantas químicas, piscinas, costas, barcos y astilleros.
C5-I muy alta (industrial)	> 80 a 200	Zonas industriales con alta humedad y atmósfera agresiva	Edificaciones o áreas con condensación casi permanente y alta contaminación
C5-M muy alta (marina)	> 80 a 200	Zonas costeras y marinas con alta salinidad	Edificaciones o áreas con condensación casi permanente y alta contaminación

Plagas o animales

Las plagas representan su propio conjunto de riesgos para los sistemas de energía solar. Los problemas más comunes provienen de los excrementos de aves que bloquean los módulos FV, o roedores que se arrastran debajo de los módulos para masticar los cables. Las hojas secas o los desechos que se acumulan cerca de los cables masticados pueden provocar incendios. Considere la posibilidad de enjaular el borde del arreglo FV en la azotea si hay preocupación por los roedores y la caída de las hojas.

No subestime el poder de la naturaleza para destruir un sistema de energía solar autónomo. He escuchado historias donde las cabras se acostumbran a comer arbustos crecidos cerca de los paneles solares, solo para dañar los módulos al saltar sobre ellos. Incluso escuché un caso de elefantes que se acercaron a una estructura FV pensando que era un estanque, pero después de darse cuenta de que no era agua, se sentaron en ella por decepción. Cuando esté diseñando su sistema, haga su mejor esfuerzo para investigar qué tipo de riesgos podría plantear la vida silvestre local.

Diseño del sistema

Capacidad de producción vs. capacidad de almacenamiento

Si aumenta la capacidad de su batería, ¿también necesita aumentar el tamaño de su sistema de energía solar? Si usa la mayoría de sus cargas por la noche y nada durante el día, ¿necesita más o menos baterías? El equilibrio entre la producción solar y el almacenamiento de la batería puede ser difícil de calcular con precisión. Se desea minimizar el costo, pero también asegurarse de que las baterías siempre estén completamente cargadas. Tanto la capacidad de producción de energía eléctrica como la capacidad de almacenamiento deben ser apropiadas para el tamaño de la carga.

Si la capacidad de producción de energía (producción solar) es demasiado baja en comparación con la capacidad de almacenamiento, las baterías nunca se cargarán completamente y fallarán mucho antes de lo esperado. Debe asegurarse de que los módulos FV produzcan energía durante la suficiente cantidad de horas como para cargar completamente las baterías en condiciones normales de uso en invierno. Si el sistema FV no recarga completamente las baterías unos pocos días al año, está bien, pero no durante semanas cada vez.

Cuando la mayoría de carga de energía de su sistema ocurre durante el día, es posible que tenga más energía solar y menos baterías en comparación con un sistema con cargas más altas en las noches. Esto se debe a que puede utilizar la energía solar durante el día a medida que se produce, omitiendo así las baterías.

Si tiene demasiada capacidad de generación en comparación con la capacidad de almacenamiento, entonces todo lo que tiene es energía solar sin uso adicional. ¡No pasa nada!... Más que gastar demasiado dinero en paneles solares. Aparte del costo, asegúrese de estar determinando el peor de los casos durante un día nublado en invierno, porque desea asegurarse de que sus baterías siempre se carguen completamente, sin importar la estación o el clima.

Es muy común que un sistema autónomo tenga energía solar no utilizada durante el verano. En aquellos casos en que sus baterías estén llenas y no tenga otras cargas, considere usar una carga de desvío (carga de descarga), porque de lo contrario, esa energía se perderá para siempre. Puede desviar energía extra a un ventilador, aire acondicionado, calentador de agua o a una máquina de hielo. El calor del verano es abundante, así que también podría poner esa energía extra gratis a trabajar para usted.

Dimensionamiento del sistema

Como se señala en el capítulo del *Diseño del sitio*, debe haber determinado las necesidades de energía así como las necesidades esenciales de potencia, los requisitos diarios de energía y la irradiación solar local. En los capítulos de selección de equipos, debe haber determinado la mejor combinación de equipos para su sistema. Este capítulo trata sobre cómo identificar y equilibrar los requisitos de la batería y la energía solar.

Una vez que conozca las necesidades de sus equipos, estará listo para obtener cotizaciones de contratistas para que instalen el sistema por usted. Pero hay más trabajo por hacer si desea instalar el sistema de energía solar por sí mismo. Deberá averiguar qué equipos están disponibles en su localidad y comenzar a diseñar de acuerdo a esto. Por ejemplo, evite diseñar su sistema de acuerdo con especificaciones particulares de una batería si esta no está disponible cerca de usted.

Para diseñar correctamente el sistema, primero determine los requisitos de su instalación, obtenga una cotización y finalmente cree una lista de materiales y diagramas unifilares para asegurarse de que el sistema de energía solar esté diseñado correctamente.

Visite el siguiente enlace para descargar la hoja de cálculo *Diseñador de sistemas*. Tiene una tabla de cálculo de carga, tabla de clasificación y todos los cálculos utilizados en este capítulo.

www.OffGridSolarBook.com/Resources

Voltaje del sistema de baterías

En una instalación solar aislada necesita determinar un adecuado **voltaje del sistema de baterías,** o la tensión de funcionamiento nominal para el banco de baterías y el controlador de carga.

Para baterías de ácido-plomo, debe tener un voltaje de 12, 24, 36 o 48 voltios. Es común tener un sistema de energía solar aislado a 12 Vdc para sistemas de hasta 1000 vatios, 24 Vdc para sistemas de alrededor de 2000 vatios y 48 Vdc para sistemas de más de 5000 vatios. El uso de numerosas baterías de bajo voltaje en serie es mejor que el uso de muchas baterías de alto voltaje en paralelo. Una cadena de baterías de bajo voltaje en serie actúan como una batería gigante. Además, evite más de 3 cadenas de baterías en paralelo.

Las baterías de ion-litio pueden usar un voltaje sustancialmente más alto, porque el sistema de gestión de baterías (BMS) está diseñado para que sea más seguro para el usuario. Los sistemas más pequeños utilizan con frecuencia 12-48 Vdc, pero los fabricantes de ion-litio están comenzando a admitir sistemas de mayor voltaje con las funciones de BMS a 400 Vdc. La industria de las baterías de ion-litio está experimentando muchos cambios ahora, y cada fabricante sigue sus propios estándares. En el futuro, probablemente surgirá una práctica común para el voltaje del sistema de la batería, que probablemente se establezca en torno a 380-400 Vdc.

Cuanto más bajo sea el voltaje, más seguro será el sistema de instalación, pero mayor será la resistencia en la electrónica. Con un voltaje de batería más alto, la corriente será menor en relación con la potencia, con menos resistencia interna, lo que permitirá que los componentes funcionen a una temperatura más baja. Esto prolongará su vida útil. Recuerde, alta corriente significa más pérdidas debido a la resistencia, es por eso que una corriente más alta requiere cables más gruesos.

Tenga en cuenta que el voltaje del sistema de energía solar debe superar la tensión del sistema de baterías en aproximadamente un 20% para compensar las pérdidas. Por ejemplo, si tiene un sistema de baterías de 48 Vdc y cada módulo fotovoltaico es de 29 Vmp, debe tener cadenas de tres módulos fotovoltaicos que excedan los 48 Vdc (suponiendo que no excedan los límites del controlador de carga). Además, la mayoría de los controladores e inversores de carga tienen una corriente nominal máxima, pero un rango de voltajes aceptable, generalmente de 12-24 Vdc o 12-48 Vdc. El diseño para un voltaje más alto, por lo tanto, permitirá un tamaño más grande del sistema con el mismo equipo.

Factor de degradación

Cada uno de los equipos de su sistema de energía solar tiene ineficiencias, desde la celda solar hasta la toma eléctrica que alimenta el equipo. Cada una de las ineficiencias se suma a un **factor de degradación**. Hay pérdidas debido a las diferencias entre celdas y módulos y tolerancias de los módulos solares, la suciedad y el sombreado de los módulos solares, los efectos de la temperatura en las celdas fotovoltaicas, la resistencia en los cables, las ineficiencias de la batería, las ineficiencias del controlador de carga y del inversor, solo por mencionar algunas.

LISTA DE FACTOR DE DEGRADACIÓN

Factores de degradación de componentes	Rango	Ejemplo
Calificación por CC en placa del módulo FV	0.80 - 1.05	0.95
Temperatura FV	0.85 – 1.05	0.95
Suciedad	0.30 – 0.995	0.95
Incompatibilidad	0.97 – 0.995	0.98
Diodos y conexiones	0.99 – 0.997	0.99
Cableado CC	0.97 – 0.99	0.98
controlador de carga	0.88 – 0.98	0.95
Eficiencia de ida y vuelta de la batería	0.80 – 0.98	0.85
Inversor	0.88 – 0.98	0.92
Cableado de CA	0.98 – 0.993	0.99
Sombreado	0.00 – 1.00	N/A
Seguimiento del sol	0.95 – 1.00	N/A
Edad (~ 1% por año)	0.70 – 1.00	N/A
Factor de degradación de CC		**0.658**
Factor de degradación de CA		**0.911**
Factor de degradación general		**0.6**

La lista anterior muestra un ejemplo de cómo las ineficiencias en un sistema típico de energía solar autónomo son importantes y deben tenerse en cuenta en sus cálculos.

El factor de degradación de CC toma en cuenta todo, desde el arreglo FV hasta el banco de baterías, y el factor de degradación de CA toma en cuenta todo después del banco de baterías. El factor de degradación general incluye todo. Estos factores de degradación se utilizarán en los próximos cálculos.

El factor de degradación por el sombreado puede tener el mayor impacto en la producción solar. Asegúrese de que no haya sombreado entre las 9 am y las 3 pm. Si lo hay, reduzca la degradación por sombreado adecuadamente. Consulte los efectos del sombreado del módulo en el capítulo de "Selección del módulo fotovoltaico" para obtener más detalles. Puede usar un Solar Pathfinder (aparato que ayuda a determinar la incidencia solar anual en un lugar) y calcular con precisión el factor de reducción del sombreado. Para aprender más sobre el Solar Pathfinder vea la sección "Herramientas" en este capítulo.

Tamaño de la batería

En el capítulo del *Diseño del sitio* se abordó cómo medir el uso diario de energía con una tabla de cálculo de carga. El **requerimiento diario de energía** es la demanda de la batería para cada día. Para encontrarlo, tenga en cuenta el factor de degradación general. Esta es también la cantidad de energía requerida del generador FV para recargar completamente el banco de baterías. El siguiente ejemplo se expande en la tabla de cálculo de carga en el capítulo de *Diseño del sistema* con algunos supuestos más.

Para encontrar los requerimientos diarios de energía:

$$\frac{Uso\ diario\ de\ energía}{Degradación\ general}$$

$$\frac{1470\ Wh}{0.60} = 2450\ Wh$$

A continuación, determine la **Capacidad de la batería** en amp-horas. Esta es la capacidad del banco de baterías según los requerimientos diarios de energía, el voltaje del sistema de baterías, la profundidad de descarga (DOD) y los días de autonomía. Asumamos que el voltaje de un sistema de baterías es de 24V y 3 días de autonomía. La DOD se basa en el tipo de batería, por lo que supongamos que las baterías son de ácido-plomo.

Para encontrar la capacidad de la batería:

$$\frac{Requerimientos\ diarios\ de\ energía}{Voltaje\ del\ sistema\ de\ la\ batería}$$
$$\div\ DOD \times Días\ de\ autonomía.$$

$$\frac{2450\ Wh}{24V} \div 0.5 \times 3 = 613\ Ah$$

Para este ejemplo, necesitará un banco de baterías que sume 24V y 613Ah. Hay una variedad de maneras de obtener el banco de baterías a este voltaje y capacidad combinándolos en cadenas en paralelo y en series. Por ejemplo, se podrían usar doce baterías de 12V y 105Ah en una configuración de seis cadenas paralelas de dos en serie. Sin embargo, con esta cantidad de conexiones paralelas, las pequeñas variaciones en el voltaje entre cada cadena pondrán a prueba las baterías y disminuirán su vida útil. Para reducir esta tensión, limite las conexiones paralelas utilizando baterías de bajo voltaje en serie. Una mejor configuración sería ocho baterías de 6

V y 310Ah en una disposición de dos cadenas paralelas de cuatro en serie.

Al investigar la selección de baterías, base sus cálculos en la capacidad en una tasa de descarga adecuada. Recuerde que las baterías tienen resistencia interna y alcanzan menor capacidad si se descargan rápidamente. Por ejemplo, si una batería tiene un rango de 310Ah por 24 horas (0.04 C) y 280Ah por un rango de 8 horas (0.13 C), entonces esta batería sería demasiado pequeña. Si el consumo de energía anticipado es muy habitual y constante, entonces una clasificación de 24 horas podría tener sentido. Dicho esto, si usa más energía en las noches, entonces una calificación de 8 horas sería una mejor opción.

También vale la pena señalar que si se usaran baterías de ion-litio en el ejemplo anterior, todas las variables serían aproximadamente iguales, excepto por la DOD. Normalmente, las baterías de ion-litio usan una DOD de 0.80, y en este caso la capacidad de la batería sería de 383 Ah, lo que requeriría una capacidad de batería más pequeña en comparación con un sistema de ácido-plomo.

Requisitos de corriente de la batería

Calcule el **pico de corriente de descarga** dividiendo la clasificación de potencia continua máxima en el inversor por el voltaje del sistema de la batería y luego divida por el factor de degradación de CA. En este ejemplo, estoy usando un inversor con una potencia continua máxima de 1000 vatios.

Para encontrar el pico de corriente de descarga:

$$\frac{Potencia\ continua\ de\ inversor}{Voltaje\ del\ sistema\ de\ baterías} \div Degradación\ CA$$

$$\frac{1000\ W}{24\ V} \div 0.911 = 45.7\ A$$

El pico de corriente de descarga calcula la descarga del banco de baterías en el peor de los casos. Muestra que si el inversor está completamente cargado, entonces el banco de baterías se descargará cerca de 50A. También puede usar la potencia pico para calcular el pico de corriente de descarga si no piensa utilizar nunca el margen de potencia máxima del inversor.

Usando el pico de corriente de descarga puede determinar la **tasa de descarga máxima** en las baterías. Algunas baterías pueden dañarse si se descargan demasiado rápido, por lo que esto describe la tasa de descarga del banco de baterías en el peor de los casos.

Para encontrar la tasa de descarga máxima:

$$\frac{Capacidad\ de\ la\ batería}{Pico\ de\ corriente\ de\ descarga} = \frac{613\ Ah}{45.7\ A} = 13.4\ h$$

$$13.4\ h = 0.07C$$

Si la capacidad de la batería era de 613Ah, entonces la descarga de la carga máxima en el inversor tomaría 13.4 horas, o una tasa-C de 0.07 C. Bajo una carga normal de 600 vatios, la velocidad de descarga se reduce a 22 horas o 0.04 C. Yo recomiendo descargar baterías de ácido-plomo no más rápido que una tasa de 8 horas o 0.13 C. Algunas baterías VRLA de AGM pueden descargarse a una velocidad de 4 horas o 0.25 C y las baterías de ión litio se pueden descargar hasta a una velocidad de 1 hora o 1 C.

Dimensionamiento FV

Ahora que conoce los requisitos de energía y del banco de baterías, debe dimensionar el arreglo FV para que sea lo suficientemente grande como para recargar las baterías bajo las peores condiciones, asegurándose de que haya energía disponible en los días nublados de invierno.

El capítulo de *Diseño del sistema* incluye una sección sobre la insolación solar y la hora solar pico (HSP), que describe cómo cada ubicación tiene un nivel diferente de energía solar disponible. Además, hay mayores variaciones estacionales a mayores distancias del ecuador. Para determinar la cantidad correcta de paneles solares para el sistema, asuma el peor escenario y determine cuánta energía disponible habrá durante el invierno, o la HSP de invierno.

Puede ser difícil determinar la HSP del invierno, pero puede ingresar su ubicación en el sitio web de PVWatts de NREL (pvwatts.nrel.gov) y le mostrará una aproximación de la energía local disponible. Encuentre el valor más bajo de todos los doce meses. En mi caso, lo construiré en mi patio trasero en Oakland, California. Después de ingresar los datos en la Calculadora de PVWatts para mi ubicación, muestra una tabla de la radiación solar por mes. En diciembre la radiación solar (kWh/m²/ día) es 2.88, el más bajo de todos los meses. La radiación solar es igual a la HSP.

Para encontrar la **producción mínima de energía solar**:

$$\frac{Requerimientos\ diarios\ de\ energía}{HSP\ de\ invierno}$$

$$\frac{2450\ Wh}{2.88\ HSP} = 850.7\ vatios$$

En otras palabras, necesito 851 vatios de paneles solares para recargar completamente las baterías en un día promedio de Oakland en diciembre. El uso de cuatro módulos fotovoltaicos de 250 vatios daría un total de 1000 vatios y debería ser capaz de recargar el sistema incluso en los días más nublados de invierno. Ahora tenemos que decidir cómo conectaremos los módulos. ¿Debemos hacerlo en serie o en paralelo? Si usamos un controlador de carga MPPT, tenemos una ventaja sobre los PWM, ya que puede manejar un gran voltaje FV de circuito abierto.

En este ejemplo, usaré un controlador de carga MPPT de 24V y 40 A Max con un voltaje de entrada máximo de 120 Voc. Un voltaje de entrada más alto permite que se conecten más módulos en serie, lo que reduce la cantidad de cableado necesario para pasar al controlador y elimina potencialmente la necesidad de una caja combinadora.

En el capítulo sobre *Selección de equipos* , la sección de energía fotovoltaica describe el voltaje máximo del generador fotovoltaico para climas fríos. Debido a que el voltaje de circuito abierto (Voc) puede aumentar en días fríos, asegúrese de que la cadena de módulos no superará los límites de voltaje del resto del sistema. En este ejemplo, debemos determinar el voltaje de circuito abierto (Voc) de la cadena de módulos en el peor de los casos. El coeficiente de temperatura (TC$_{Voc}$) ubicado en la hoja de especificaciones del módulo fotovoltaico es necesario para determinar el Voc para el sitio de acuerdo a la temperatura más baja registrada en Oakland, California.

Primero, encuentre la temperatura más baja registrada para el lugar, no el *promedio* de temperatura más baja. En Oakland es de 1 ° C. A continuación encontraremos el coeficiente de temperatura (TC$_{Voc}$) en la especificación del módulo fotovoltaico. Para este módulo es de -0.34% por ° C.

$$-0.34\% \: / \: °\: C \times (25 \: ° \: C \: - \: (1 \: ° \: C)) \: = \: -7.2\%$$

$$37.2\,V \times (1 - (-7.2\%)) = 40.2\,V$$

El Voc ajustado para este módulo fotovoltaico en Oakland es de 40.2 V y el voltaje máximo de entrada del controlador de carga es de 120 V. Divida la entrada de voltaje máximo del inversor por el voltaje de circuito abierto ajustado, dando 2.9. Esto significa que usar tres módulos juntos en una cadena posiblemente excedería los requisitos del controlador de carga, por lo que necesitamos usar dos módulos por cadena.

$$\frac{Entrada\ máxima\ del\ inversor}{Voc\ ajustado} = \frac{120\,V}{40.2\,V} = 2.9$$
$$= 2\ módulos\ por\ cadena$$

Esto confirma que el voltaje de circuito abierto máximo para dos módulos en serie, incluso en el día más frío registrado en Oakland, no excederá la tolerancia de voltaje de entrada del controlador de carga. Como necesitamos cuatro módulos en total, tendremos dos cadenas en paralelo y cada cadena tendrá dos módulos en serie.

Especificaciones del sistema

En este punto, debe tener las especificaciones de todos los componentes principales del sistema y ya debe haberse asegurado de que los componentes estén adecuadamente equilibrados y sean compatibles. Ahora puede comenzar a abastecerse y determinar el costo de su sistema. Sin embargo, tenga cuidado: si cambia un componente, es posible que tenga que regresar y cambiar todo lo demás. Por ejemplo, si pasa de usar módulos fotovoltaicos de alta potencia en el último minuto, es posible que también deba cambiar el controlador de carga si se supera el Voc. Esto podría desencadenar una serie de eventos que exigirían intercambiar grandes equipos para garantizar que todo sea compatible.

A continuación se muestra una lista de las especificaciones de los equipos basadas en todo lo que hemos calculado hasta ahora. Esta lista es lo que usará para armar un listado de materiales y para hacer el diagrama unifilar.

Carga de CA: 4 luces LED, 2 cargadores de teléfonos celulares, un ventilador, un televisor LCD y una bomba de agua	
Pico de potencia continua	600 W
Pico de potencia de arranque	1600 W
Uso diario de energía	1470 Wh
Batería: VRLA de AGM	
Voltaje nominal	6 V
Capacidad a rango de 8 horas	310 Ah
Baterias en serie	4
Serie de cadenas en paralelo	2
Capacidad total en rango de 8 horas	14.7 kWh
controlador de carga: MPPT	
Voltaje del sistema de baterías	24 V
Voltaje máximo de entrada	120 Voc
Corriente máxima	40 A
Inversor: Onda senoidal pura	
Máxima potencia continua	1000 W
Máxima potencia de arranque	2000 W
Módulo FV: 60-celdas, P-Si	
Potencia máxima (STC)	250 W
Voltaje de circuito abierto, Voc	37.2 V
Voltaje del punto de potencia máxima, Vmp	30.1 V
Corriente de cortocircuito, Isc	8.87 A
Corriente en el punto de máxima potencia, Imp.	8.3 A
Módulos en serie	2
Cadenas en serie y en paralelo	2
Voltaje de circuito abierto ajustado, Voc	80.5 V
Corriente de cortocircuito ajustada, Isc	17.5 A
Potencia FV total (STC)	1000 W

Lista de materiales

No es necesario compilar una **lista de materiales** (también llamada BOM, por el término Bill of Materials en inglés) hasta que esté listo para comprar el equipo, pero puede ser útil tener una BOM preliminar al diseñar el sistema. Una BOM preliminar comenzará solo con los componentes principales, pero una vez finalizada, la lista de materiales también debe incluir el balance de los componentes del sistema y todas las demás partes necesarias para instalar completamente el sistema. La BOM debe tener como mínimo: el nombre de cada artículo, la descripción, la cantidad y el costo. Otras categorías útiles son el número de piezas, el proveedor/tienda y la longitud (si se compra cable por longitud en lugar de por cantidad).

En la página siguiente hay una lista preliminar de materiales basada en el ejemplo que hemos visto hasta ahora. Las plantillas están disponibles en mi sitio web en el siguiente enlace, bajo *Bill of Materials*.

www.OffGridSolarBook.com/Resources

EJEMPLO DE LISTA DE MATERIALES

Descripción	Cantidad	Subtotal	Total
Módulo FV Canadian Solar, 250W	4	$223	$892
Batería, Xtender, VRLA AGM, 6V nominal, 310Ah a tasa de 8 horas	8	$414	$3312
controlador de carga, Morningstar, MPPT, 24V, 40A max, entrada de 120Voc	1	$299	$299
Inversor, Samlex PST-1000, onda senoidal pura, 1000w, potencia de arranque 2000w	1	$349	$349
Sistema de montaje para 4 módulos en tope de poste	1	$595	$595
Caja de batería y electrónica, NEMA 3R/4X	1	$445	$445
Centro de carga con interruptores	1	$149	$149
Desconexión FV con fusibles	1	$64	$64
Desconexión de la batería con fusibles	1	$84	$84
Cable FV, 10AWG (por metro)	30	$1.47	$44
Cable de batería, 2AWG, 2m, con conectores a compresión	1	$65	$65
Cable CC, 10AWG (por metro)	2	$6	$12
Cable CA, Romex 14AWG (por metro)	80	$0.30	$24
Misc. Conectores, herraje, etc ...	1	$100	$100
TOTAL			**$6434**

Si planea obtener cotizaciones de instaladores, a menudo enviarán una con diferentes especificaciones de equipo, lo que dificulta la comparación de costos. Analice las ofertas por costo por vatio de CA (incluidos todos los factores de degradación por ineficiencias). Luego, analice el costo por kWh de las baterías y compare con base en la misma profundidad de descarga (DOD) a la misma velocidad de descarga (como C/24).

Diseño e instalación de componentes

Una vez dimensionado todo el equipo del sistema, puede evaluar si el sistema está equilibrado y cómo se interconecta todo.

Debe instalar el controlador de carga, el inversor y el banco de baterías a menos de 2 metros uno del otro si es posible; cuanto más cerca mejor. Además, prevea tenerlos bajo sombra y protegidos de otros elementos. Si deben estar al aire libre, asegúrese de que no se mojen y de que estén protegidos en una cabina adecuada. Las baterías y los componentes electrónicos durarán más tiempo y serán más eficientes si se encuentran en temperaturas ambiente moderadas, y rara vez se calientan o enfrían demasiado. Tenga en cuenta que las baterías de ácido-plomo (incluido el tipo VRLA sellado) no deben ubicarse dentro de una caja sellada debido a la fuga de gas. El fusible o interruptor del banco de baterías debe estar extremadamente cerca del terminal positivo, generalmente dentro de los 25 cm.

Diagrama unifilar

Las instalaciones autónomas requieren la interconexión de solo pocos componentes, pero la diversidad de todos los circuitos puede complicarse rápidamente. Hay circuitos de CA y CC con muchos puntos de unión, medios de desconexión y protecciones de sobrecarga conectadas a productos de diferentes fabricantes. La complejidad proviene de las múltiples vías por las que puede viajar la electricidad; los diagramas unifilares son un mapa del circuito. No es necesario hacer el dibujo a escala o representar el tamaño real de los componentes, ya que lo importante es trazar las rutas de los conductores y las relaciones entre los componentes.

Una vez que sepa qué componentes utilizará, haga un boceto de ellos en una hoja de papel y trace una línea que conecte las entradas a las salidas. Esto es un **diagrama unifilar**, que le ayudará a determinar los puntos de conexión en serie y en paralelo, así como la forma en la que se distribuirán los cables. Con una sola línea, puede ignorar los conductores positivos, negativos y de conexión a tierra y simplemente verificar que los componentes tengan una trayectoria cerrada. Use esta línea única para explicarse a usted mismo y a los demás cuál es el plan. Incluya notas sobre cantidades, tamaños de fusibles, distancias, ubicación, tipo de caja, requisitos de alimentación, etc.

EJEMPLO DE DIAGRAMA UNIFILAR

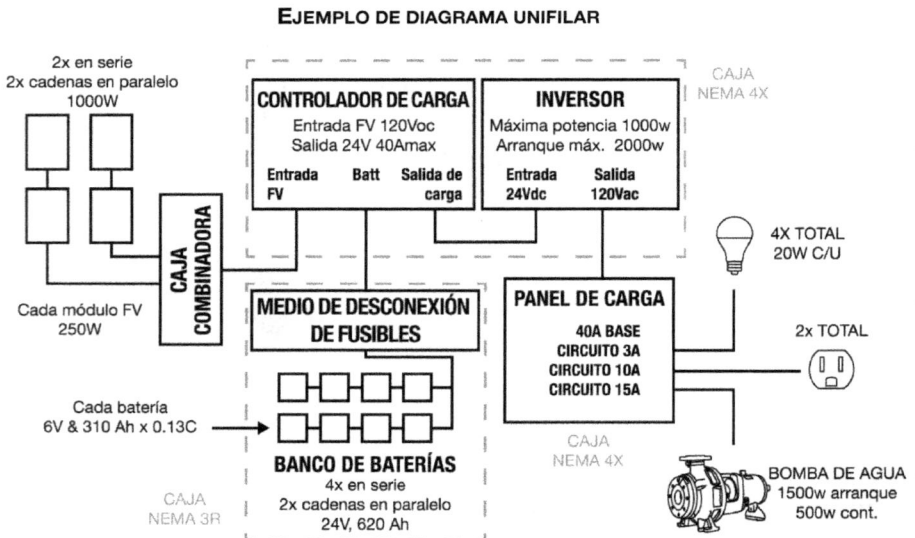

Después de crear un diagrama unifilar, haga un **diagrama multifilar** o esquema multifilar que muestre mayor detalle, incluidas las rutas positivas, negativas y de conexión a tierra con tipo y tamaño de cable, número de conductores y tipo y tamaño de conducto. Ambos tipos de diagramas de líneas deben mostrar la ruta de conexión entre los módulos fotovoltaicos, los controladores de carga, los inversores, las baterías, las cajas combinadas, los fusibles/interruptores y otros medios de desconexión. Una vez que se completan los diagramas de líneas, se pueden comparar con la lista de materiales para determinar si se ha olvidado o pasado por alto algo.

Se le pedirá que presente un diagrama multifilar completo si envía los permisos a un departamento de construcción. Por lo demás, no todos los proyectos requieren uno, pero sin duda ayudará durante la fase de diseño. Lo más importante es que un diagrama multifilar ayudará a determinar qué se ha olvidado, como el tipo de conductores, conexiones, terminación y protección del circuito.

A menudo, sin un diagrama multifilar, las cosas pequeñas se pasan por alto hasta que el sistema se instala. Si no tiene acceso a las herramientas y equipos de un electricista, es posible que no pueda completar su instalación. Por ejemplo, cuando planea tener varios cables conectados en paralelo, ¿usará bloques de terminales de carril DIN, tuercas para conector de cable o conectores de bloque? ¿Está utilizando tipos y tamaños de cables compatibles para conectar sus equipos? Los diagramas unifilares son excelentes para la revisión e implementación de proyectos, especialmente si se hace una instalación en una ubicación remota sin suministros adicionales.

Seguridad en la instalación

PRECAUCIÓN: Peligro de muerte por alta tensión. Riesgo de muerte y lesiones graves por choques eléctricos.

Le recomiendo encarecidamente que contrate a un electricista local con licencia o a un instalador debidamente capacitado y calificado para completar las conexiones finales y energizar el sistema. Trabaje directamente con el equipo solo si tiene la capacitación adecuada.

Este libro no cubre la capacitación en electricidad adecuada. Si tiene experiencia en la construcción de equipos eléctricos, proceda con precaución. Considere trabajar solo con sistemas de bajo voltaje, como 12 voltios, o nunca trabajar con equipos de potencia.

El equipo de protección personal (PPE) se usa durante una instalación para proteger al instalador y a cualquier otra persona que se encuentre cerca. Incluye cascos, gafas de seguridad, zapatos de seguridad, guantes y equipo de protección contra caídas. Todo este equipo puede no ser necesario en todos los casos, pero las gafas de seguridad, los guantes y los zapatos cerrados son siempre requerimientos necesarios.

Siempre asuma que cualquier circuito en el que esté trabajando está cargado de electricidad. ¡Más vale prevenir que lamentar! Si ve algún líquido cerca de las baterías de ácido-plomo, siempre asuma que es ácido de la batería. ¡No lo toque! Se quemará la piel y la ropa. Frote un paño en una solución de bicarbonato de sodio mezclado con agua para limpiar la parte superior de la batería si es necesario.

Herramientas

Es posible que no necesite cada una de estas herramientas para cada trabajo, pero yo las llevo a todas las instalaciones por si acaso. Nunca querrá detener el trabajo por no tener la herramienta adecuada.

Medidor Kill A Watt

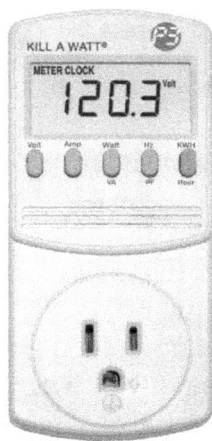

El medidor Kill A Watt® se enchufa en una toma de CA estándar y puede medir kilovatios-hora (kWh), vatios (W), voltios (V), amperios (A), frecuencia de línea (Hz), potencia aparente (VA) y factor de potencia (FP). Este medidor solo funciona en el lado de CA de su sistema después del inversor. Si desea medir algo en el lado de CC, necesita un multímetro o un medidor de pinza. El voltaje y la corriente se miden utilizando el método RMS preciso y el medidor tiene protección contra sobrecorriente.

El medidor Kill A Watt mide principalmente la potencia de los equipos y dispositivos individuales, lo que lo ayuda a determinar su consumo por dispositivo para su tabla de cálculo de carga. También puede averiguar si tiene una caída de voltaje en cualquiera de los cables de CA dentro del sistema. Cuando se encuentra una caída significativa de voltaje (una caída de 10 voltios o más entre dos partes del mismo circuito), hay cables que no son compatibles o que no están funcionando correctamente.

Multímetros

Los multímetros obtienen su nombre porque pueden medir varias cosas, como el voltaje, la corriente y la resistencia. Son una valiosa herramienta de solución de problemas que puede ayudar a diagnosticar muchos problemas en su sistema de energía.

La función más simple es verificar la continuidad, asegurando que las secciones del circuito estén tan interconectadas como se pretende. Verifique la resistencia entre dos puntos en el circuito para determinar si están conectados eléctricamente.

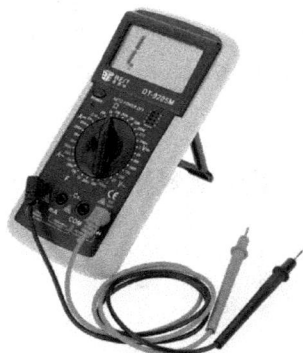

Otra función fácil e importante de un multímetro es verificar el voltaje. La prueba de voltaje es segura, ya que no interrumpe el circuito, solo mide la diferencia de voltaje entre dos puntos. Cuanto mayor sea el voltaje, más peligrosa será la prueba. Antes de tocar cualquier parte de un sistema eléctrico, asegúrese contar con el equipo y los conocimientos adecuados.

La prueba de continuidad y voltaje es segura y fácil, pero la prueba de corriente con las sondas de un multímetro estándar no lo es. Como esto interrumpe el circuito, la electricidad fluye a través del multímetro. Debido a que hay poca resistencia en su nuevo circuito, la corriente puede ser muy alta, causando una situación peligrosa con el potencial de quemar el fusible en el multímetro. Para probar la corriente, hágalo con un medidor de pinza.

Medidor de pinza

El medidor de pinza o ampímetro, es un multímetro equipado con una pinza para medir la corriente indirectamente. Medir la corriente es más seguro con una pinza porque no interrumpe el circuito para la medición. En vez de esto, un medidor de pinza analiza el campo magnético en un conductor, sin tener que hacer contacto físico con él o desconectarlo. Los medidores de pinza son efectivos para medir corrientes de más de 1 amperio; cualquier cosa inferior a 1A es difícil de medir con precisión con un medidor de pinza.

Hay algunos multímetros y medidores de pinza que tienen la capacidad de medir la corriente de entrada de un circuito. Esto es particularmente útil para diseñar sistemas con motores grandes. Busque un botón de "arranque" o "inrush" para ver si el medidor de pinza tiene esta capacidad. Los medidores de pinza no pueden medir pulsos de corriente muy rápidos, pero el arranque de un motor dará una aproximación razonable. Para entender realmente la corriente de arranque rápida, use un osciloscopio, pero esto es poco práctico para la mayoría de las situaciones.

Inclinómetro / Escoliómetro / Indicador de ángulo

Esta herramienta determina el ángulo de inclinación real de su instalación solar o la inclinación del techo. Algunos tienen un fondo magnético que puede montarse en metales ferrosos e inclinarse al ángulo apropiado.

Brújula

Una brújula magnética apunta al polo norte magnético, pero puede que no sea el verdadero norte de cada ubicación. Debe tener en cuenta la declinación de la zona. Revise la sección "encontrando el verdadero norte" en el capítulo *Diseño del sistema* para más detalles.

Solar Pathfinder

Un Solar Pathfinder mide la trayectoria del sol y la sombra considerando los obstáculos en una ubicación particular. Esto ayuda a determinar cuál será la producción fotovoltaica real al dar cuenta de la sombra. Este producto no es electrónico, es simple y requiere poca destreza para usarlo correctamente. Existen otras herramientas electrónicas que son más complejas pero que además pueden digitalizar los resultados, como el Solmetric Suneye.

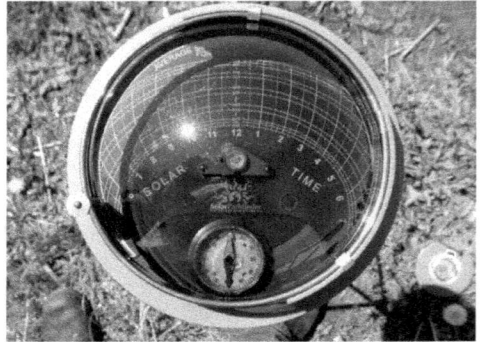

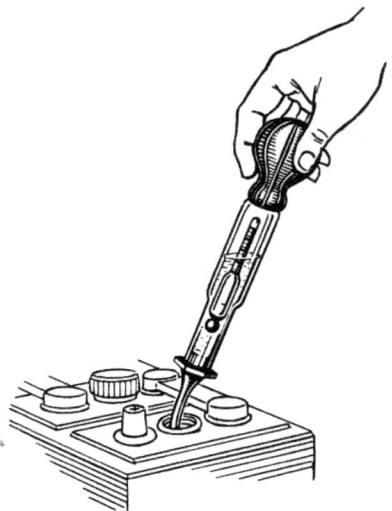

Densímetro

Un densímetro o hidrómetro mide la densidad relativa en baterías húmedas de ácido-plomo. Al medir la densidad específica de las baterías, puede determinar con mayor precisión el voltaje de cada celda y el estado de las baterías. Si la diferencia de voltaje entre las celdas es de 0.2V o más, es hora de realizar una ecualización. Una gran diferencia de voltaje entre las celdas también es un signo de una batería defectuosa o muerta, o posiblemente de celdas sulfatadas.

Según el fabricante y el tipo de batería, la mayoría de las baterías de ácido-plomo inundadas leerán de 2.12 a 2.15 VPC (voltios por celda) con una carga del 100%, 2.03 VPC con una carga del 50% y 1.75 VPC con una carga del 0%. El peso específico será 1.265 por celda al 100% de carga y 1.13 o menos para una celda completamente descargada.

Estado de carga, densidad específica y voltaje de circuito abierto

Estado aproximado de la carga	Densidad específica promedio a 26 ° C	Voltaje de circuito abierto			
		2V	6V	8V	12V
100%	1.265	2.1	6.32	8.43	12.65
75%	1.225	2.08	6.22	8.30	12.45
50%	1.19	2.04	6.12	8.16	12.24
25%	1.155	2.01	6.03	8.04	12.06
0%	1.12	1.98	5.95	7.72	11.89

Corrija las lecturas de densidad específica a 26°C:
- Agregue .007 a las lecturas por cada 10° sobre 26°C
- Reste .007 de la lectura por cada 10° sobre 26°C

WiFi portátil con módem GSM

Un módem GSM utiliza una tarjeta SIM de teléfono celular y opera con una suscripción de teléfono móvil. Crea un punto de acceso WiFi portátil y, a veces, también tiene un conector Ethernet. Esto puede ser extremadamente útil para solucionar problemas de comunicación con inversores y para descargar un firmware o manuales de instrucciones actualizados.

Operación y mantenimiento

A continuación hay una lista de verificación que ayudará a identificar posibles problemas que pueden surgir con el tiempo o el medio ambiente y le ayudará a garantizar que su sistema funcione correctamente. Es importante revisar esta lista de verificación al menos una vez al año, y algunos de los elementos deben chequearse con mayor frecuencia.

Revisión de la batería

- Inspeccione el área alrededor de las baterías en busca de líquidos que puedan significar pérdida de ácido de la batería. Tenga mucho cuidado con cualquier líquido cerca de las baterías.
- Compruebe si los lados de las cajas de la batería están hinchados. Esta es una señal de carga insuficiente, descarga excesiva y/o acumulación de sulfato. Siga el procedimiento de ecualización si está hinchado.
- Deje que las baterías descansen sin carga o descárguelas durante al menos 6 horas. Verifique el voltaje entre las baterías y entre las celdas de la batería (si es posible) para asegurarse de que haya diferencias mínimas de voltaje. Siga el procedimiento de ecualización si hay una diferencia significativa en el voltaje.
- Para baterías húmedas, verifique la densidad específica con un densímetro. Siga el procedimiento de

ecualización si hay una diferencia significativa de densidad específica entre las celdas.

Examen del inversor y del controlador de carga

- Visite la interfaz de usuario, si tiene, y revise los patrones de ajuste, los voltajes y los valores de producción. Revise el último error registrado si está disponible.
- Limpie los filtros de aire y el interior del gabinete si es accesible.
- Examine el ventilador y compruebe que funcione de manera adecuada.
- Revise los fusibles, interruptores y pararrayos cerca del equipo.
- Pruebe la continuidad de la puesta a tierra del sistema y del equipo.

Examen de la estructura de montaje

- Elimine cualquier tipo de vegetación que pueda haber crecido lo suficiente como para sombrear los módulos.
- Examine los módulos fotovoltaicos en busca de defectos como decoloración, deslaminación o vidrios rotos.
- Revise las bases de concreto y las conexiones a tierra para ver si hay erosión o daños. Busque signos de agrietamiento o desgaste.
- Revise la estructura para ver si hay óxido o corrosión, particularmente en los bordes y en el herraje.
- Revise la estructura para ver si las piezas están flojas o rotas, asegúrese de que las partes en voladizo no estén doblados o girados.

- Compruebe si hay signos de infestación por animales o plagas, como nidos, alambres masticados, piezas desalojadas, etc.
- Asegúrese de que ninguno de los cables esté doblado, descolorido o que muestre signos de desgaste. Determine la causa del cable suelto y colgante y vuelva a colocarlo en su lugar, evitando los bordes afilados.

Para arreglos de techo:
- Verifique la integridad y asegúrese de que las penetraciones del techo estén herméticas.
- Verifique el drenaje en el techo alrededor del equipo de montaje. Elimine las obstrucciones o los empozamientos para evitar la acumulación de agua.

Para rastreadores o estructuras ajustables:
- Compruebe si hay signos de partes que se golpean o rozan entre sí
- Lubrique los engranajes con una grasa de acuerdo con las recomendaciones del fabricante.
- Recalibre la posición del inclinómetro con un nivelador digital.

Mantenimiento de la batería

Lo más importante que puede hacer para proteger y extender la vida útil de su sistema de energía solar autónomo es cuidar sus baterías. Las baterías de ácido-plomo pueden dañarse irreparablemente por mal uso o negligencia. Los problemas comunes con las baterías son la acumulación de sulfato, la pérdida de electrolitos y la carga insuficiente.
Afortunadamente, el controlador de carga o el inversor protegerán las baterías de los problemas más comunes de sobrecarga o descarga. Sin embargo, en primer lugar, no

protegerán las baterías contra la falta de carga. Una fuente de energía (como la solar) debe empujar energía hacia las baterías. Si es necesario, considere obtener un generador eléctrico de respaldo para cargar las baterías durante los meses de invierno. Ver la sección del generador en el capítulo *"Selección de potencia secundaria"* para más detalles sobre el uso de un generador con su sistema de energía solar autónomo.

Cuando compre baterías de ácido-plomo nuevas, cómprelas justo antes de la instalación o asegúrese de que no se queden en reposo más de una semana o dos sin una carga completa. Si las compra con anticipación, cárguelas lentamente antes de ponerlas en uso. Las baterías nuevas no alcanzarán su capacidad máxima hasta que hayan tenido al menos 30 ciclos. Durante las primeras semanas de operación, es probable que una batería funcione de 5% a 10% por debajo de su capacidad nominal.

Cuando compre baterías de litio nuevas, se recomienda leer el manual del fabricante para la operación inicial. A menudo, se entregan con un SOC bajo (~ 30%) debido a los requisitos de entrega de mercancías peligrosas, por lo que no desea que permanezcan sin uso durante más de algunos meses, ni en entornos cálidos y húmedos.

Mantenimiento del inversor y del controlador de carga

La mayoría de los inversores y controladores de carga tienen una garantía de 10 años, y generalmente duran ese poco tiempo, finalmente se desgastan incluso si se usan de acuerdo con las especificaciones del fabricante y están protegidas de la humedad, los residuos y la luz solar excesiva. Tienen componentes electrónicos sensibles que pueden desgastarse por el calor, la humedad o el uso excesivo. Las baterías son casi siempre la primera parte del sistema en fallar, mientras que los inversores y los controladores de carga tienden a ser los siguientes, sin importar qué tan bien diseñado esté su sistema.

Cuando los componentes electrónicos, como los inversores y los controladores de carga, se calientan, generalmente necesitan ventiladores para funcionar a toda velocidad. Esto envejecerá el equipo y puede causar fallas antes de lo esperado. La falla del ventilador es un problema común en los inversores antiguos. Sin embargo, reemplazar el ventilador rápidamente puede evitar otros problemas por sobrecalentamiento de la electrónica. De cualquier manera, debe contar con que tendrá que reemplazar el inversor y el controlador de carga a los 10 años.

A continuación se muestra una lista de los posibles mensajes de error y las técnicas de solución de problemas aplicables para su inversor o controlador de carga.

Bajo voltaje de CC:
- Compruebe si el módulo está sombreado o si hay sucio en el vidrio.
- Reemplace todos los fusibles fundidos entre el arreglo FV y el inversor.
- Mida el voltaje y la corriente cerca de la estructura FV y luego otra vez cerca de la electrónica. Si hay una diferencia significativa, verifique todos los fusibles, conductores y terminaciones de los conductores entre esos dos puntos.
- Verifique si el controlador de carga MPPT está funcionando como se espera. Mida el voltaje y la corriente antes y después del controlador de carga.

Sobrevoltaje de CC:

- Durante el día, con suficiente luz solar, realice una prueba de Voc. Desconecte el arreglo fotovoltaico del controlador de carga para que no esté suministrando una carga. Mida el voltaje de la caja combinadora FV o al final de la cadena del módulo y verifique si el voltaje excede la entrada del controlador de carga o del inversor. Esto es más probable que ocurra durante los días fríos con luz solar intensa.
- Si el voltaje es demasiado alto, reduzca el Voc cambiando el ángulo de la estructura o reduciendo el número de módulos en una cadena.

Falla a tierra de CC:

- Las pruebas de falla a tierra pueden ser difíciles, ya que a veces una falla a tierra solo ocurre cuando el sistema está mojado o en un ángulo particular.
- Apague el inversor, la CC y los medios de deconexión de CA. Pruebe el fusible de falla a tierra con un medidor de resistencia (ohmímetro) o medidor de continuidad.
- Si el fusible sigue estando en buen estado, puede que no haya una falla a tierra. Pruebe el voltaje a tierra sin el fusible. Si el voltaje es bajo y dentro de las especificaciones, reemplace el fusible y reinicie el inversor.
- Si el fusible no está bien, entonces podría haber una falla a tierra. Asegúrese de que el fusible tenga el tamaño adecuado y sea del tipo correcto. Identifique la sección que tiene la falla a tierra con un medidor de voltaje. Si el voltaje está cerca del Voc de la cadena, es probable que la falla se encuentre en el extremo normalmente conectado a tierra de la cadena. Si el voltaje es diferente, es probable que esté en el centro del arreglo o incluso en el módulo.

CA con bajo/alto voltaje:

- Desconecte todas las demás fuentes de CA, como un generador o una turbina eólica.
- Verifique que todos los interruptores estén encendidos y pruebe la tensión de CA con un multímetro.
- Si está dentro del rango, reinicie manualmente el inversor.
- Vuelva a realizar la prueba después del reinicio y, si todavía está fuera de rango, llame al fabricante del inversor.

Baja potencia:

- Lo más probable es que no haya suficiente luz solar para iniciar el controlador de carga o el inversor. Si está soleado, siga los mismos procedimientos que el voltaje bajo de CC.

Sobrecalentamiento o alta temperatura:

- Pruebe la fuente de alimentación para el ventilador. Si está trabajando, reemplace el motor del ventilador; de lo contrario, reemplace la fuente de alimentación.
- Limpie los filtros de aire para la entrada y el escape y asegúrese de que el sensor esté dando lecturas precisas.

Error de software/firmware:

- Primero intente un reinicio manual, y luego intente actualizar el firmware. Si el problema persiste, llame al fabricante.

Mantenimiento de módulos y estructura de montaje

El polvo que cubre los módulos puede reducir considerablemente la producción del sistema. Si se ubica en un área sin lluvias regulares, se recomienda limpiar los módulos para mejorar la producción. Es mejor vigilar el arreglo y asegurarse de que esté limpio, pero, como mínimo, los módulos deben limpiarse una o dos veces al año. Si los módulos tienen una inclinación significativa, la lluvia normal debería hacer la mayor parte de la limpieza por usted.

Tenga cuidado de no verter agua fría sobre los módulos calientes; la diferencia de temperatura podría impactar y romper el vidrio. Es mejor limpiar los módulos por la mañana o al atardecer. Nunca camine sobre los módulos. Si tiene que caminar sobre ellos, solo camine en los bordes de los marcos, acercándose a los puntos de contacto con la estructura de soporte.

Revise la estructura para detectar signos de ciclos diarios de expansión térmica. Algunos sistemas de montaje no están diseñados para manejar el ciclo diario de expansión y contracción de las piezas de metal, vidrio y plástico. Es posible que los cables se deslicen, los clips y los accesorios se aflojen o se enganchen, y el herraje se afloje con el tiempo. Si es necesario, vuelva a apretar el herraje y use el adhesivo adecuado para evitar que se deslice.

Si las bases del suelo para la estructura se ven afectadas debido a la erosión, considere verter más concreto o usar grava para asegurar las bases en su lugar.

Entendiendo la electricidad

Guardé este capítulo para el final del libro ya que es una lectura muy pesada. Pero su ubicación al final no significa que no sea importante. Entender la electricidad y su relación con los sistemas de energía solar es fundamental para que un sistema funcione correctamente y para su seguridad.

A continuación, explicaré los conceptos básicos de electricidad necesarios para diseñar y operar un sistema de energía solar aislado. Es importante desarrollar una buena comprensión de cada sección a continuación. Si no entiende completamente todos los conceptos, entonces nada mejor que la experiencia laboral práctica.

Potencia vs. energía

Muchas personas a veces usan errónea e indistintamente las palabras "potencia" y "energía", sin entender la diferencia. La potencia es una tasa instantánea y es la *proporción* de energía por unidad de tiempo. Por el contrario, la energía es la *cantidad* de potencia que es generada o consumida durante un período de tiempo. Los paneles solares producen *potencia* cuando se exponen a la luz solar y las baterías absorben esa potencia con el tiempo y almacenan *energía*.

Aquí hay una analogía: en los autos eléctricos, las baterías necesitan mucha potencia para una rápida aceleración, pero también necesitan mucha capacidad de energía para conducir largas distancias. La potencia es la fuerza instantánea que permite que el automóvil acelere rápidamente, por lo que con baja potencia, el automóvil aceleraría lentamente. La energía es la capacidad o la cantidad de tiempo que la potencia está disponible, por lo que con poca energía el automóvil no podría viajar largas distancias.

¿Qué es un vatio-hora?

La unidad comúnmente descrita para energía es un vatio-hora (Wh), pero no es una proporción. No es vatios entre hora; es vatios-hora. Me refiero a las dos unidades, vatio y hora, que están en el numerador (lado superior de la fracción).

$$Wh = vatios \times hora \neq \frac{vatio}{hora}$$

Aquí hay un ejemplo: un foco usa un poco de energía para brillar por un segundo, pero usa más energía para brillar durante una hora, aunque ese foco siempre use la misma potencia.

¿Cuánta energía consume un foco? Depende de la medida de potencia del foco y la cantidad de tiempo que esté encendido. Si se usa un foco de 15 vatios durante 10 horas, utilizará 150 vatios-hora de energía.

Vatios, voltaje y amperios

Otra fuente de confusión es la relación de voltios, amperios y vatios. Un vatio (W) también es equivalente al voltaje (V) por la corriente (I). Por lo tanto, el flujo de corriente de un amperio con un voltaje de un voltio es igual a la potencia de un vatio. Todas estas unidades están interrelacionadas.

$$Potencia = voltios \times amperios$$
$$1 \, vatio = 1 \, voltio \; x \; 1 \, amp$$

Después de leer, debe comprender que la potencia es la relación de energía por tiempo y la energía se genera o se consume.

Potencia
$$1 \, vatio = 1 \, voltio \; x \; 1 \, amp$$

Energía:
$$1 \, vatio \, hora = 1 \, vatio \; x \; hora = 1 \, voltio \; x \; 1 \, amp \; x \; 1 \, hora$$

Con los sistemas de energía solar hablaremos sobre la potencia en vatios (W) o kilovatios (kW) y la energía en vatios-hora (Wh) o kilovatios-hora (kWh).

Voltaje y voltios

El voltaje es el potencial de flujo

El voltaje o tensión es la cantidad de potencial eléctrico y se mide en voltios (V). El voltaje siempre mide la diferencia de potencial eléctrico entre dos partes de un circuito. Se suele comparar con la presión.

Por ejemplo, imagine dos cubos de agua: uno lleno de agua, el otro vacío. Si un tubo conecta los dos cerca del fondo, el agua fluirá con rapidez del cubo lleno al cubo vacío, por la presión del agua. Lo mismo ocurrirá si conecta un módulo solar y una batería. Mientras que el panel solar tenga un voltaje —o presión— más alto, va a empujar energía hacia la batería.

En un sistema de energía solar, todos los componentes están diseñados para funcionar dentro de un rango de voltaje particular. Algunos componentes podrían dañarse si se exponen a un voltaje superior al umbral de voltaje diseñado. Asegúrese de comprender bien los requisitos de voltaje de su equipo antes de conectar un circuito. Por ejemplo, los controladores de carga están diseñados con un voltaje de entrada máximo. Tener demasiados módulos conectados en serie puede sobrecargar el circuito y provocar un cortocircuito en la electrónica.

Corriente y amperios

La corriente es el flujo.

La **corriente**, también conocida como amperaje, es la medida del flujo eléctrico y se mide en amperios o amperes (A). El símbolo convencional es I. Puede pensar en esto como el número de electrones que se mueven a través de un conductor en un período de tiempo determinado. Un amperio es literalmente la medida de 6 mil millones de mil millones (6.2415×10^{18}) de electrones por segundos.

En la analogía del cubo de agua, es como la cantidad de agua que fluye por unidad de tiempo.

Si un circuito no tiene voltaje, entonces no tiene corriente. En otras palabras, si no hay diferencia en el potencial eléctrico, entonces no habrá flujo de electricidad. En la analogía del cubo de agua, es como la cantidad de agua que fluye por unidad de tiempo. Cuando ambos cubos tienen el mismo nivel de agua, no queda energía potencial y el agua no fluye a ninguna parte.

¿Qué pasaría si llena un cubo y deja el otro vacío pero luego pone una válvula entre los dos tanques? No habría flujo de agua cuando la válvula esté cerrada. El agua tiene el potencial de fluir cuando se abre la válvula, pero como no fluye, no hay corriente. Este ejemplo nos muestra que puede haber voltaje sin corriente. Estos ejemplos en conjunto ilustran la diferencia entre una batería descargada y una completamente cargada. Una batería completamente cargada que está desconectada tiene un voltaje, o una diferencia en el potencial eléctrico. Debido a que está desenchufada, no tiene flujo de corriente, por lo que no consume energía.

Resistencia

La **resistencia** eléctrica es una medida que indica cuánto se opone un conductor al paso de electrones. Representa la dificultad de la electricidad para fluir y se mide en ohmios (Ω). La resistencia en un conductor se define como la relación entre el voltaje a lo largo de él y la corriente a través de él. Es común ver una caída de voltaje durante los picos altos de corriente cuando hay una resistencia significativa, porque resiste el flujo de corriente.

Es importante entender la resistencia en relación con el tamaño y la longitud del cable. Cuanto más largo es un cable, mayor es la resistencia. También, cuanto más delgado es un cable, mayor es la resistencia. La alta resistencia se convierte en calor y el calor en un cableado eléctrico puede provocar un incendio. La resistencia también puede acumularse a partir de un cable dañado o una conexión mal asegurada. Si alguna vez observa un cable o una extensión inusualmente caliente, cámbiela lo antes posible.

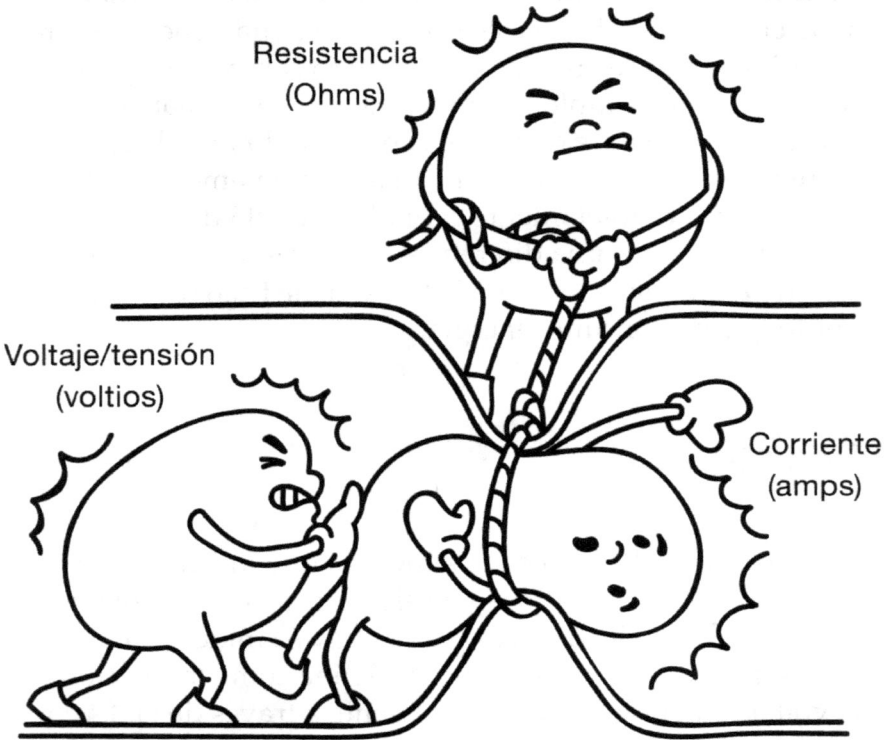

Ilustración de Jean-Baptiste Vervaeck

Ley de Ohm

Ahora que tiene una mejor comprensión del voltaje, la corriente y la resistencia, unámoslo todo. Con los sistemas de energía solar generalmente queremos tener en cuenta la resistencia en nuestro circuito para evitar una caída de voltaje excesiva. La Ley de Ohm establece que la diferencia de potencial eléctrico (ΔV) entre dos puntos en un circuito es el producto de la corriente total (I) y resistencia total (R) entre esos dos puntos en el circuito.

$$\Delta V = I \times R$$

Esta ecuación se usa con frecuencia, ya que predice las relaciones entre la caída de voltaje, la corriente y la resistencia. Todos los conductores experimentan alguna resistencia; usted tiene como objetivo minimizarla. A medida que diseñe su sistema, la Ley de Ohm le ayudará a determinar la caída aceptable de voltaje. Usted tiene el control del tamaño del conductor y debe asegurarse de que la resistencia se mantenga al mínimo. De lo contrario, los conductores pueden calentarse debido a la mayor resistencia y provocar un incendio.

Existe un delicado equilibrio entre la caída de voltaje aceptable y el tamaño del conductor. Cuando se conectan componentes a distancias cortas entre sí, es práctico simplemente usar un cable de calibre más grande que el necesario sin un gran costo adicional. Sin embargo, abarcar distancias más largas puede ser costoso, ya que los cables de calibre más grueso cuestan más que los de calibre más delgado. Este es un caso para definir exactamente el calibre correcto de cable para su configuración particular utilizando un cálculo de caída de voltaje. También considere el metal utilizado como conductor, ya que el aluminio tiene más resistencia física que el cobre con el mismo diámetro de perfil de alambre.

Rueda de las fórmulas de la ley de Ohm

El gráfico de la página siguiente muestra cómo se relacionan la potencia, el voltaje, la corriente y la resistencia. En este gráfico, el voltaje se representa con una E, ya que la referencia científica de voltaje es fuerza electromotriz. Si conoce dos variables, esta tabla le ayuda a encontrar la tercera. Por ejemplo, digamos que quiere saber la corriente máxima en un circuito tomando en cuenta que tiene un inversor con una salida máxima de 1500 W a 120 V. Para encontrar la corriente, busque "I" en el lado superior izquierdo de la rueda y encuentre la siguiente ecuación con la potencia "P" y el voltaje "E".

$$I = \frac{P}{E} = \frac{1500W}{120V} = 12.5A$$

RUEDA DE LAS FÓRMULAS DE LA LEY DE OHM

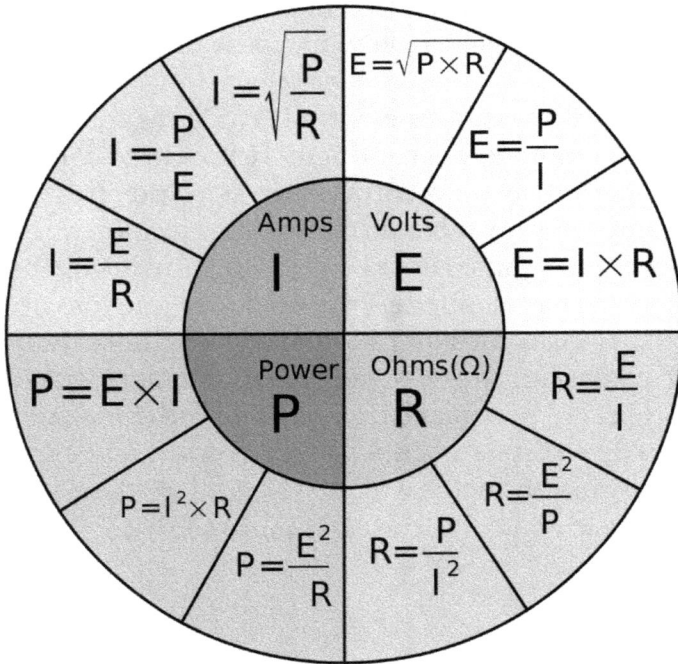

Matt Rider / CC-BY-SA-3.0

Más recursos

Le animo a que me contacte directamente si aún tiene preguntas o inquietudes sobre el contenido de este libro. Esta es la segunda edición del libro, y mi objetivo es proporcionar todos los recursos necesarios para diseñar e instalar un sistema de energía solar aislado en cualquier parte del mundo. Si hay algo particularmente desafiante en su área del mundo, ¡hágamelo saber! Le animo a compartir sus conocimientos conmigo y también con otras personas que deseen aprender más sobre la energía solar.

En mi sitio web hay más recursos disponibles para ayudarlo a diseñar una instalación solar autónoma. Estos recursos se pueden descargar gratis:
- Plantilla de Diseño de Sistema en Microsoft Excel
  - o Tabla de cálculo de carga
  - o Tabla de degradación
  - o Resumen del sistema
- Plantilla con lista de materiales en Microsoft Excel
- Mapas de radiación solar
- Mapas de declinación
- Calculadora de caída de voltaje
- Fotovoltaica GOGLA *para aplicaciones de uso productivo: Un catálogo de equipos de corriente continua.*

Visite los siguientes enlaces para acceder a más información o para contactarme sobre el libro.

www.OffGridSolarBook.com

OCON Energy Consulting

Como fundador de OCON Energy Consulting, Joe O'Connor proporciona servicios de consultoría para una amplia gama de clientes que necesitan diseño de sistemas de energía solar, sistemas de almacenamiento de energía y creación de productos. Visite el siguiente enlace para obtener más información o para comunicarse con OCON Energy sobre oportunidades de consultoría.

www.OCONEnergy.com

Modular Energy Systems

Joe O'Connor fundó Modular Energy Systems (MES), una empresa que ofrece productos de almacenamiento de energía confiable y de alta calidad que agilizan el proceso de instalación. MES diseña sistemas de energía de alta calidad totalmente integrados para que el instalador no tenga que perder tiempo y dinero en diseño, instalación y servicio.

Los ingenieros de MES han construido sistemas para todas las condiciones climáticas y comprenden las necesidades de lugares con condiciones climáticas extremas. Ya sea que se trate de temperaturas extremadamente bajas o climas cálidos y húmedos, MES diseña sistemas que brindan energía continua e ininterrumpida.

www.ModEnergySystems.com

Agradecimientos

Gracias Greg Van Kirk, por exponerme a tu mundo y mostrarme el impacto que la energía solar puede tener en la gente de Haití y Guatemala.

Gracias Benjamin Materna y David Reichbaum, por haberme incluido en la fundación GivePower.

Estoy agradecido de haber sido parte de un gran equipo durante la instalación en el Parque Nacional de Virunga. Barrett Raftery, Dan Retz, James Winttuck, Garth Pratt, Dusty Hulet, Rodney Hansen y Sefu Kasali Kibengo Trésor fueron los mejores, muchachos. Me alegra que todos hayamos tenido la oportunidad de trabajar juntos en un proyecto tan importante.

Gracias por su apoyo en mi segunda edición: Matt Sisul, Rene Kress, Ian Petrich, Randy Bachelor y Michael Worry.

Gracias, mentores de energía solar y amigos: John Humphrey, Barry Cogbill, Bob Rudd, Joe Stofega, Lucie Dupas, y especialmente a George Schnakenberg III.

Índice